● 工学のための数学 ●
EKM-11

# 工学のための
# グラフ理論
## 基礎から応用まで

上野修一

数理工学社

# 編者のことば

　科学技術が進歩するに従って，各分野で用いられる数学は多岐にわたり，全体像をつかむことが難しくなってきている．また，数学そのものを学ぶ際には，それが実社会でどのように使われているかを知る機会が少なく，なかなか学習意欲を最後まで持続させることが困難である．このような状況を克服するために企画されたのが本ライブラリである．

　全体は3部構成になっている．第1部は，線形代数・微分積分・データサイエンスという，あらゆる数学の基礎になっている書目群であり，第2部は，フーリエ解析・グラフ理論・最適化理論のような，少し上級に属する書目群である．そして第3部が，本ライブラリの最大の特色である工学の各分野ごとに必要となる数学をまとめたものである．第1部，第2部がいわゆる従来の縦割りの分類であるのに対して，第3部は，数学の世界を応用分野別に横割りにしたものになっている．

　初学者の方々は，まずこの第3部をみていただき，自分の属している分野でどのような数学が，どのように使われているかを知っていただきたい．しかし，「知ること」と「使えること」の間には大きな差がある．ある分野を知ることだけでなく，その分野で自ら仕事をしようとすれば，道具として使えるところまでもっていかなければいけない．そのためには，第3部を念頭に置きながら，第1部と第2部をきちんと読むことが必要となる．

　ある工学の分野を切り開いて行こうとするとき，まず問題を数学的に定式化することから始める．そこでは，問題を，どのような数学を用いて，どのように数学的に表現するかということが重要になってくる．問題の表面的な様相に惑わされることなく，その問題の本質だけを取り出して議論できる道具を見つけることが大切である．そのようなことができるためには，様々な数学を真に自分のものにし，単に計算の道具としてだけでなく，思考の道具として使いこなせるようになっていなければいけない．そうすることにより，ある数学が何故，

工学のある分野で有効に働いているのかという理由がわかるだけでなく，一見別の分野であると思われていた問題が，数学的には全く同じ問題であることがわかり，それぞれの分野が大きく発展していくのである．本ライブラリが，このような目的のために少しでも役立てば，編者として望外の幸せである．

2004 年 2 月

編者　小川英光
藤田隆夫

## 「工学のための数学」書目一覧

| 第 1 部 | | 第 3 部 | |
|---|---|---|---|
| 1 | 工学のための 線形代数 | A–1 | 電気・電子工学のための数学 |
| 2 | 工学のための 微分積分 | A–2 | 情報工学のための数学 |
| 3 | 工学のための データサイエンス入門 | A–3 | 機械工学のための数学 |
| 4 | 工学のための 関数論 | A–4 | 化学工学のための数学 |
| 5 | 工学のための 微分方程式 | A–5 | 建築計画・都市計画の数学 |
| 6 | 工学のための 関数解析 | A–6 | 経営工学のための数学 |
| 第 2 部 | | | |
| 7 | 工学のための ベクトル解析 | | |
| 8 | 工学のための フーリエ解析 | | |
| 9 | 工学のための ラプラス変換・$z$ 変換 | | |
| 10 | 工学のための 代数系と符号理論 | | |
| 11 | 工学のための グラフ理論 | | |
| 12 | 工学のための 離散数学 | | |
| 13 | 工学のための 最適化手法入門 | | |
| 14 | 工学のための 数値計算 | | |

(A: Advanced)

# まえがき

　本書は工学系の学生を対象としたグラフ理論の入門書である．前半の七つの章ではグラフ理論の基礎を解説している．体系的に書かれているので，第1章から順に読んで頂きたい．後半の七つの章ではグラフ理論の様々な工学への応用を紹介している．最後の章を除いて各章を独立に読むことができる．最後の第14章は本書で扱った様々なグラフの問題に関する計算複雑度の概説を含んでいる．これらの応用を通して前半のやや抽象的な理論の理解を深めると共に，グラフ理論に興味を持って頂けたら幸いである．

　本書で紹介する応用の多くは古典的であり，それぞれグラフ理論の一つの分野の端緒になっている．すなわち，第8章の応用は「数え上げグラフ理論」へ，第9章の応用は「マトロイド理論」へ，第10章の応用は「理想グラフの理論」へ，第13章の応用は「組合せ最適化理論」へ，そして第14章の応用は「計算グラフ理論」へと発展している．

　本書の執筆にあたり以下の方々からご支援を頂いた．編者の小川英光先生には本書の執筆を勧めて頂いた．東京工業大学の田湯智博士には例題の作成にご協力頂いた．東京大学の Anish Man Singh SHRESTHA 博士には DNA 配列解析についてご教授頂いた．研究室の池田理恵氏にはすべての原図を作成して頂いた．数理工学社の田島伸彦氏には長年に渡り辛抱強く励まして頂いた．また，同じく数理工学社の鈴木綾子氏及び岡本健太郎氏には本書の原稿に関して様々なご助言を頂いた．ここに記して感謝の意を表する次第である．

2018 年秋

著者

# 目　　次

## 第1章
## グラフと有向グラフ　　1
    1.1　集　　合 …………………………………………………… 2
    1.2　写　　像 …………………………………………………… 6
    1.3　関　　係 …………………………………………………… 8
    1.4　有向グラフ ………………………………………………… 12
    1.5　グ ラ フ …………………………………………………… 15
    1章の問題 ……………………………………………………… 17

## 第2章
## グラフの連結性　　19
    2.1　グラフの連結性 …………………………………………… 20
    2.2　有向グラフの連結性 ……………………………………… 22
    2.3　部分グラフと有向部分グラフ …………………………… 25
    2.4　グラフの連結成分 ………………………………………… 26
    2章の問題 ……………………………………………………… 27

## 第3章
## オイラー路とハミルトン路　29
　3.1　グラフのオイラー路 …………………………………………… 30
　3.2　有向グラフの有向オイラー路 ………………………………… 34
　3.3　ハミルトン路と有向ハミルトン路 …………………………… 35
　3章の問題 …………………………………………………………… 40

## 第4章
## 木と有向木　41
　4.1　木 ………………………………………………………………… 42
　4.2　グラフの全域木 ………………………………………………… 44
　4.3　全域木の数 ……………………………………………………… 45
　4.4　有　向　木 ……………………………………………………… 48
　4章の問題 …………………………………………………………… 49

## 第5章
## グラフの行列表現　51
　5.1　グラフの接続行列 ……………………………………………… 52
　5.2　有向グラフの接続行列 ………………………………………… 54
　5.3　接続行列の階数 ………………………………………………… 56
　5章の問題 …………………………………………………………… 58

## 第6章
## 独立集合と2部グラフ　59
　6.1　独立集合と被覆 ………………………………………………… 60
　6.2　2部グラフ ……………………………………………………… 62
　6.3　マッチング ……………………………………………………… 65
　6.4　辺　被　覆 ……………………………………………………… 70
　6章の問題 …………………………………………………………… 72

目　次　　　vii

## 第7章
## グラフの彩色　　73
 7.1　グラフの彩色 …………………………………………………… 74
 7.2　グラフの辺彩色 ………………………………………………… 78
 7章の問題 …………………………………………………………… 82

## 第8章
## 化学工学への応用　　83
 8.1　炭化水素分子のグラフ表現 …………………………………… 84
 8.2　炭化水素の異性体 ……………………………………………… 86
 8章の問題 …………………………………………………………… 87

## 第9章
## 電気工学への応用　　89
 9.1　電気回路解析 …………………………………………………… 90
 9.2　有向グラフの閉路行列 ………………………………………… 93
 9.3　電気回路解析の手順 …………………………………………… 96
 9章の問題 …………………………………………………………… 97

## 第10章
## 通信工学への応用　　99
 10.1　誤りなし通信路容量 ………………………………………… 100
 10.2　グラフのシャノン容量 ……………………………………… 102
 10章の問題 ………………………………………………………… 109

## 第11章
## 構造工学への応用　　111
 11.1　矩形枠組の剛性 ……………………………………………… 112
 11.2　筋交グラフ …………………………………………………… 114
 11章の問題 ………………………………………………………… 117

## 第12章
### 生命工学への応用　119
12.1　DNA 配列解析 …………………………………… 120
12.2　重複グラフ ………………………………………… 122
12.3　分解グラフ ………………………………………… 123
12.4　有向線グラフ ……………………………………… 124
12 章の問題 ………………………………………………… 125

## 第13章
### 経営工学への応用　127
13.1　特殊な割当問題 …………………………………… 128
13.2　完全マッチング …………………………………… 129
13.3　一般的な割当問題 ………………………………… 133
13.4　時間割問題 ………………………………………… 135
13 章の問題 ………………………………………………… 136

## 第14章
### 情報工学への応用　137
14.1　多項式時間アルゴリズム ………………………… 138
14.2　幅優先探索 ………………………………………… 141
14.3　難しい問題 ………………………………………… 148
14 章の問題 ………………………………………………… 151

問 題 解 答　**152**
参 考 文 献　**163**
索　　　引　**166**

# 第1章

# グラフと有向グラフ

グラフ理論に必要な集合，写像，関係などの基本的な概念を紹介する．公理論的に議論が進んでいくが，グラフ理論などの離散数学においては，このような論理的なものの見方，考え方が重要である．本章では，グラフと有向グラフは関係の一つの表現として定義される．Graph という用語は，1878 年に Sylvester [29] によって初めて用いられたと言われている．

1.1 集合
1.2 写像
1.3 関係
1.4 有向グラフ
1.5 グラフ

## 1.1 集合

異なるもの（**元**と言う）の集まりのことを**集合**と言う．例えば，
$$A = \{1, 2, 3\}$$
は，集合 $A$ が元 $1, 2, 3$ から成ることを表している．これは，
$$A = \{n \mid n \text{ は } 1 \text{ 以上 } 3 \text{ 以下の整数である}\}$$
というように元 $n$ が集合 $A$ に属す条件を用いて表すこともできる．$s$ が集合 $S$ の元であるとき，
$$s \in S$$
と書く．例えば，
$$1 \in A, \quad 4 \notin A$$
である．集合 $S$ の任意の元が集合 $T$ に属しているとき，$S$ は $T$ の**部分集合**であると言い，
$$S \subseteq T$$
と書く．すなわち，
$$x \in S \Rightarrow x \in T$$
が成り立つとき
$$S \subseteq T$$
である．例えば，
$$\{1, 2\} \subseteq \{1, 2, 3\}$$
である．$S$ と $T$ が互いに他の部分集合であるとき $S$ と $T$ は等しいと言い，
$$S = T$$
と書く．すなわち，
$$S \subseteq T \quad \text{かつ} \quad T \subseteq S$$
であるとき
$$S = T$$
である．$S \subseteq T$ かつ $S \neq T$ であるとき，$S$ は $T$ の**真部分集合**であると言い，
$$S \subset T$$
と書く．例えば，

## 1.1 集合

$$\{1,2\} \subset \{1,2,3\}$$

である．元をもたない集合を**空集合**と言い，

$$\emptyset$$

と書く．空集合は任意の集合の部分集合であることに注意しよう．有限集合（有限個の元から成る集合）$S$ の元の数を

$$|S|$$

で表す．例えば，

$$|\{1,2,3\}| = 3, \quad |\emptyset| = 0$$

である．

集合 $S$ の元と集合 $T$ の元から成る集合を $S$ と $T$ の**和集合**と言い，

$$S \cup T$$

と書く．例えば，

$$\{1,2,3\} \cup \{2,3,4\} = \{1,2,3,4\}$$

である．$S$ と $T$ の両方に属す元から成る集合を $S$ と $T$ の**積集合**と言い，

$$S \cap T$$

と書く．例えば，

$$\{1,2,3\} \cap \{2,3,4\} = \{2,3\}$$

である．$S$ に属すが $T$ には属さない元から成る集合を $S$ と $T$ の**差集合**と言い，

$$S - T$$

と書く．例えば，

$$\{1,2,3\} - \{2,3,4\} = \{1\}$$

である．集合：

$$S \oplus T = (S \cup T) - (S \cap T)$$

を $S$ と $T$ の**排他的和集合**と言う．例えば，

$$\{1,2,3\} \oplus \{2,3,4\} = \{1,2,3,4\} - \{2,3\} = \{1,4\}$$

である．以上定義した四つの集合のベン図を図 1.1 に示す．

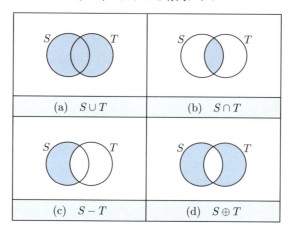

**図 1.1** 集合のベン図

集合 $S$ の非空な部分集合が元である集合：
$$\{S_1, S_2, \ldots, S_k\}$$
は，
$$S_1 \cup S_2 \cup \cdots \cup S_k = S$$
かつ異なる $i, j$ に対して
$$S_i \cap S_j = \emptyset$$
であるとき，$S$ の**分割**であると言う．また，$S$ は $S_1, S_2, \ldots, S_k$ に分割されるとも言う．$S$ が有限集合であるとき，
$$|S| = \sum_{i=1}^{k} |S_i|$$
であることに注意しよう．例えば，
$$\{\{1\}, \{2, 3\}\}$$
は
$$\{1, 2, 3\}$$
の分割であり，
$$|\{1\}| + |\{2, 3\}| = |\{1, 2, 3\}|$$
である．

集合 $S$ の元 $s$ と集合 $T$ の元 $t$ のすべての順序対 $(s,t)$ の集合を $S$ と $T$ の**直積**と言い，$S \times T$ と書く．すなわち，
$$S \times T = \bigl\{(s,t) \bigm| s \in S, t \in T\bigr\}$$
である．例えば，
$$\{1,2\} \times \{a,b,c\} = \bigl\{(1,a),(1,b),(1,c),(2,a),(2,b),(2,c)\bigr\}$$
である．また，
$$\{a,b,c\} \times \{1,2\} = \bigl\{(a,1),(a,2),(b,1),(b,2),(c,1),(c,2)\bigr\}$$
であるから，
$$\{1,2\} \times \{a,b,c\} \neq \{a,b,c\} \times \{1,2\}$$
である．ここで，$s \neq t$ ならば，順序対 $(s,t)$ と $(t,s)$ は異なることに注意しよう．一般に，集合 $S_1, S_2, \ldots, S_k$ の直積は
$$S_1 \times S_2 \times \cdots \times S_k = \bigl\{(s_1, s_2, \ldots, s_k) \bigm| s_i \in S_i, 1 \leq i \leq k\bigr\}$$
と定義される．特に，
$$S_1 = S_2 = \cdots = S_k = X$$
であるとき，
$$S_1 \times S_2 \times \cdots \times S_k = X^k$$
と書くこともある．$S$ と $T$ が有限集合であるとき，
$$|S \times T| = |S| \times |T|$$
であるから，以下の定理を得る．

---
**定理 1.1**

$X$ が有限集合であるとき，
$$|X^k| = |X|^k$$
である．

---

## 1.2 写像

集合 $S$ の各元に対して集合 $T$ の 1 つの元が対応しているとき，この対応を $S$ から $T$ への**写像**あるいは**関数**と言う．$S$ から $T$ への写像 $f$ を

$$f\colon S \to T$$

と書き，$s \in S$ に $t \in T$ が対応していることを

$$f\colon s \mapsto t$$

あるいは

$$t = f(s)$$

と書く．このとき，$t$ は $s$ の**像**であると言う．また，集合:

$$f(S) = \{f(s) \mid s \in S\} \subseteq T$$

を $S$ の**像**と言う．$T$ の任意の元が $S$ の元の像であるとき，$f$ を**全射**と言う．すなわち，

$$f(S) = T$$

であるとき，$f$ を全射と言う．また，

$$s \neq s' \Rightarrow f(s) \neq f(s')$$

であるとき，$f$ を**単射**と言う．$f$ が全射かつ単射であるとき，$f$ を**全単射**と言う．図 1.2 に全射と単射と全単射の例を示す．

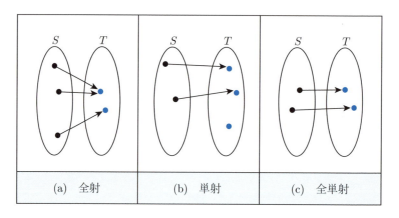

図 1.2　全射と単射と全単射

$S$ と $T$ が有限集合であるとき,以下が成り立つことに注意しよう:

> (1) $S$ から $T$ への全射が存在するための必要十分条件は
> $$|S| \geq |T|$$
> であることである;
> (2) $S$ から $T$ への単射が存在するための必要十分条件は
> $$|S| \leq |T|$$
> であることである;
> (3) $S$ から $T$ への全単射が存在するための必要十分条件は
> $$|S| = |T|$$
> であることである.

上の (2) から直ちに以下の定理を得る.

**定理 1.2**

有限集合 $S$ と $T$ に対して,$S$ から $T$ への単射と $T$ から $S$ への単射が共に存在するならば,
$$|S| = |T|$$
である.

## 1.3 関　　係

集合 $S$ と $T$ に対して，$S \times T$ の任意の部分集合 $R$ を $S$ と $T$ の間の **2 項関係**と言う．例えば，

$$\{(1,b),(1,c),(2,b),(2,c)\}$$

は $\{1,2\}$ と $\{a,b,c\}$ の間の 2 項関係である．特に，$S = T$ であるとき，$R$ を $S$ 上の 2 項関係と言う．$S$ 上の 2 項関係 $R$ は，

$$(x,y) \in R \Rightarrow (y,x) \in R$$

であるとき，**対称的**であると言う．例えば，

$$\{(1,1),(1,2),(1,3),(2,1),(3,1)\}$$

は $\{1,2,3\}$ 上の対称的な 2 項関係である．

集合 $S$ から $T$ への写像：

$$f \colon S \to T$$

は，$S$ と $T$ の間の 2 項関係であることに注意しよう．2 項関係：

$$R_f = \{(s,f(s)) \mid s \in S\} \subseteq S \times T$$

は $f$ による $S$ の元と $T$ の元の対応関係をすべて表現している．

集合 $S$ 上の 2 項関係 $R$ は以下の条件を満たすとき**同値関係**と言われる：

1) 任意の $x \in S$ に対して $(x,x) \in R$（**反射律**）;
2) $(x,y) \in R \Rightarrow (y,x) \in R$（**対称律**）;
3) $(x,y),(y,z) \in R \Rightarrow (x,z) \in R$（**推移律**）.

$R$ が $S$ 上の同値関係であるとき，任意の $x \in S$ に対して集合：

$$[x]_R = \{y \mid y \in S, (x,y) \in R\}$$

を $x$ の**同値類**と言う．

### 定理 1.3

集合 $S$ は同値関係 $R$ に関する異なる同値類に分割される．

**【証明】** まず，$R$ は反射律を満たすので，任意の $x \in S$ に対して，
$$x \in [x]_R$$
である．したがって，すべての異なる同値類の和集合は $S$ に等しいことが分かる．

次に，二つの異なる同値類の積集合は空集合であることを示そう．このことを対偶：
$$[x]_R \cap [y]_R \neq \emptyset \Rightarrow [x]_R = [y]_R$$
を示して証明する．$[x]_R \cap [y]_R \neq \emptyset$ の任意の元を $z$ とする．
$$z \in [x]_R \cap [y]_R$$
であるから，
$$(x, z), (y, z) \in R$$
である．$R$ は対称律を満たすので，
$$(x, z), (z, y) \in R$$
である．$R$ は推移律を満たすので，
$$(x, y) \in R$$
である．$[y]_R$ の任意の元を $w$ とする．$w \in [y]_R$ であるから，
$$(y, w) \in R$$
である．$R$ は推移律を満たすので，
$$(x, w) \in R$$
である．したがって，
$$w \in [x]_R$$
である．以上のことから，$w \in [y]_R \Rightarrow w \in [x]_R$ であるので，
$$[y]_R \subseteq [x]_R$$
であることが分かる．同様にして，
$$[x]_R \subseteq [y]_R$$
を示せるので，
$$[x]_R = [y]_R$$
であることが分かる．

実数 $a$ を整数 $n$ で割ったときの余りを
$$a \pmod{n}$$
と書く．例えば，
$$5.7 \pmod{3} = 2.7$$
である．

整数 $p, q$ に対して，$p$ を $n$ で割ったときの余りと $q$ を $n$ で割ったときの余りが等しいとき，すなわち
$$p \pmod{n} = q \pmod{n}$$
であるとき，
$$p \equiv q \pmod{n}$$
とかき，$p$ と $q$ は $n$ を法として**合同**であると言う．例えば，
$$5 \pmod{3} = 8 \pmod{3} = 2$$
であるから，
$$5 \equiv 8 \pmod{3}$$
である．$p \equiv q \pmod{n}$ であるための必要十分条件は，$p - q$ が $n$ で割り切れることであることに注意しよう．

---

▎**例題 1.1**

整数の集合 $\mathbb{Z}$ 上の 2 項関係：
$$R_n = \{(p, q) \mid p, q \in \mathbb{Z}, p \equiv q \pmod{n}\}$$
は同値関係であることを示せ．

---

【解答】 明らかに任意の $p \in \mathbb{Z}$ に対して
$$p \equiv p \pmod{n}$$
であるから，任意の $p \in \mathbb{Z}$ に対して
$$(p, p) \in R_n$$
であり，$R_n$ は反射律を満たすことが分かる．また，
$$p \equiv q \pmod{n} \Rightarrow q \equiv p \pmod{n}$$
であることも明らかであるので，
$$(p, q) \in R_n \Rightarrow (q, p) \in R_n$$

であり，$R_n$ は対称律も満たすことが分かる．
$$p \equiv q \pmod{n}, \quad q \equiv r \pmod{n}$$
であるとき，$p-q$ と $q-r$ は共に $n$ で割り切れる．したがって，
$$(p-q) + (q-r) = p - r$$
も $n$ で割り切れるので，
$$p \equiv r \pmod{n}$$
であり，
$$(p,q), (q,r) \in R_n \Rightarrow (p,r) \in R_n$$
が成り立つので，$R_n$ は推移律も満たすことが分かる．したがって，$R_n$ は $\mathbb{Z}$ 上の同値関係である． ∎

---

**例題 1.2**

整数の集合 $\mathbb{Z}$ 上の同値関係：
$$R_2 = \{(p,q) \mid p,q \in \mathbb{Z}, p \equiv q \pmod{2}\}$$
の異なる同値類を示せ．

---

【解答】 整数を 2 で割ったときの余りは 0 か 1 であるので，異なる同値類は 0 の同値類（偶数の集合）：
$$[0]_{R_2} = \{\ldots, -4, -2, 0, 2, 4, \ldots\}$$
と 1 の同値類（奇数の集合）：
$$[1]_{R_2} = \{\ldots, -3, -1, 1, 3, \ldots\}$$
の二つである．
$$[0]_{R_2} \cup [1]_{R_2} = \mathbb{Z},$$
$$[0]_{R_2} \cap [1]_{R_2} = \emptyset$$
であるから，$\mathbb{Z}$ は異なる同値類 $[0]_{R_2}$ と $[1]_{R_2}$ に分割されることに注意しよう． ∎

## 1.4 有向グラフ

2 次関数：
$$y = f(x) = x^2$$
は実数の集合 $\mathbb{R}$ から $\mathbb{R}$ への写像である．すなわち，
$$f \colon \mathbb{R} \to \mathbb{R}$$
$$f \colon x \mapsto x^2$$
である．図 1.3 に示した $f$ のグラフは $\mathbb{R}$ 上の 2 項関係：
$$R_f = \left\{ (x, x^2) \mid x \in \mathbb{R} \right\} \subseteq \mathbb{R} \times \mathbb{R}$$
の元を座標平面上に描画して $R_f$ を表現したものである．

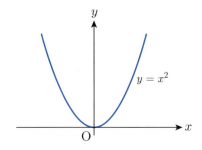

図 1.3 2 次関数のグラフ

有限集合 $S$ 上の 2 項関係 $R$ に対しては，上とは少し異なる表現であるが，同じく「グラフ」と呼ばれる表現が存在する．$S$ の各元を**点**で表現し，各順序対 $(x, y) \in R$ を点 $x$ から $y$ へ向かう矢（**有向辺**と言う）で表現して得られる図形を $R$ を表現する**有向グラフ**と言う．点 $x$ と $y$ を有向辺 $(x, y)$ の**始点**と**終点**と言う．例えば，$\{1, 2, 3\}$ 上の 2 項関係：
$$\{(1, 2), (1, 3), (2, 2), (2, 3)\}$$
は図 1.4 の有向グラフで表現できる．この有向グラフの有向辺 $(2, 2)$ のように始点と終点が同じである有向辺を**有向ループ**と言う．有向辺 $(x, y)$ は点 $x$ と $y$ に**接続**すると言い，点 $x$ と $y$ は**隣接**すると言う．有向グラフの各点に対して，その点を始点とする有向辺をその点の**外向辺**と言い，その数をその点の**外向次数**

## 1.4 有向グラフ

と言う．また，有向グラフの各点に対して，その点を終点とする有向辺をその点の**内向辺**と言い，その数をその点の**内向次数**と言う．例えば，図 1.4 の有向グラフの点 2 の外向次数と内向次数は共に 2 である．ループは接続する点の外向次数と内向次数に 1 ずつ寄与することに注意しよう．有向グラフにおいて，各有向辺は点の外向次数と内向次数に 1 ずつ寄与するので，以下の定理を得る．

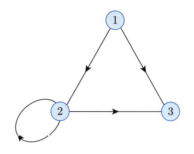

図 1.4　有向グラフ

― 定理 1.4 ―――――――――――
　任意の有向グラフの点の外向次数の和と内向次数の和はいずれも有向辺の数に等しい．

有向グラフ $\Gamma$ の点の集合を $V(\Gamma)$，有向辺の集合を $A(\Gamma)$ で表す．例えば，図 1.4 の有向グラフを $\Gamma$ としたとき，

$$V(\Gamma) = \{1, 2, 3\},$$
$$A(\Gamma) = \{(1,2), (1,3), (2,2), (2,3)\}$$

である．

有向グラフ $\Gamma$ と $\Gamma'$ は，以下の条件を満たす全単射：

$$\phi\colon V(\Gamma) \to V(\Gamma')$$

が存在するとき，**同型**であると言う：

**条件**　$(x, y) \in A(\Gamma) \Leftrightarrow (\phi(x), \phi(y)) \in A(\Gamma').$

また，この条件を満たす $\phi$ を**同型写像**と言う．図 1.4 の有向グラフと同型な有向グラフを図 1.5 に示す．

$$\phi\colon 1\mapsto a,\quad \phi\colon 2\mapsto c,\quad \phi\colon 3\mapsto b$$

である $\phi$ が同型写像である．

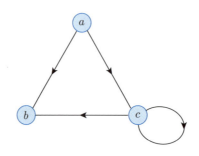

図 1.5　図 1.4 の有向グラフと同型な有向グラフ

---
■ **例題 1.3**

2 点から成る有向グラフで互いに非同型なものをすべて列挙せよ．

---

【解答】　図 1.6 に示すように 10 個の非同型な有向グラフが存在する．

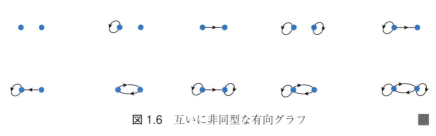

図 1.6　互いに非同型な有向グラフ

## 1.5 グラフ

有限集合 $S$ 上の対称的な 2 項関係 $R$ を表現する有向グラフを対称的な有向グラフと言う．対称的な有向グラフにおいては，異なる 2 点を結ぶ有向辺は向きが異なる一対で存在する．そこで，向きが異なる一対の有向辺を 1 本の向きのない**辺**で置き換えることができる．さらに，有向ループを向きのない**ループ**で置き換えて得られる図形を**無向グラフ**と言う．簡単のために，無向グラフを単に**グラフ**と言う．例として，$\{1, 2, 3\}$ 上の対称的な 2 項関係：
$$\{(1,2), (1,3), (2,1), (2,2), (3,1)\}$$
を表現する対称的な有向グラフと対応するグラフを図 1.7 に示す．ここで，グ

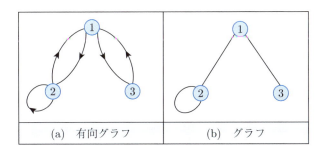

図 1.7 対称的な有向グラフと対応するグラフ

ラフの辺 $(2,2)$ はループである．グラフの辺 $(x, y)$ は非順序対であることに注意しよう．すなわち，$(x, y)$ と $(y, x)$ は同じ辺である．点 $x$ と $y$ を辺 $(x, y)$ の**端点**と呼ぶ．辺 $(x, y)$ は点 $x$ と $y$ に**接続**すると言い，点 $x$ と $y$ は**隣接**すると言う．また，同じ点に接続する 2 辺も**隣接**すると言う．グラフの各点に対して，その点に接続する辺の数をその点の**次数**と言う．ただし，ループは接続する点の次数に 2 寄与するものとする．このこととループではない辺は各端点の次数に 1 ずつ寄与することから，以下の定理を得る．

**定理 1.5**

任意のグラフの点の次数の和は辺の数の 2 倍に等しい．

定理 1.5 から，任意のグラフの点の次数の和は偶数であるので，直ちに以下の系を得る．

## 系 1.1

いかなるグラフにおいても，次数が奇数である点は偶数個存在する．

グラフ $G$ の点の集合を $V(G)$，辺の集合を $E(G)$ で表す．例えば，図 1.7 (b) のグラフを $G$ としたとき，

$$V(G) = \{1, 2, 3\},$$
$$E(G) = \{(1,2), (1,3), (2,2)\}$$

である．

グラフ $G$ と $G'$ は，以下の条件を満たす全単射：

$$\phi\colon V(G) \to V(G')$$

が存在するとき，**同型**であると言う：

**条件** $(x, y) \in E(G) \Leftrightarrow (\phi(x), \phi(y)) \in E(G')$.

また，この条件を満たす $\phi$ を**同型写像**と言う．図 1.7 (b) のグラフに同型なグラフを図 1.8 に示す．

$$\phi\colon 1 \mapsto a, \quad \phi\colon 2 \mapsto c, \quad \phi\colon 3 \mapsto b$$

である $\phi$ が同型写像である．

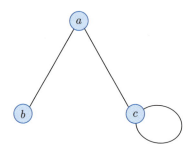

**図 1.8** 図 1.7 (b) のグラフと同型なグラフ

# 1章の問題

### 例題 1.4
3点から成るグラフで互いに非同型なものをすべて列挙せよ．

【解答】 図 1.9 に示すように 20 個の非同型なグラフが存在する．

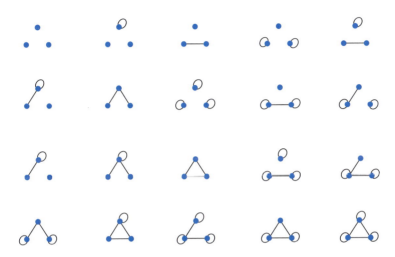

図 1.9 互いに非同型なグラフ

## 1章の問題

**1** 以下の集合の元をすべて列挙せよ．
(1) $\{1,2,3\} - \{1,2\}$.　(2) $\{1,2\} - \{1,2,3\}$.
(3) $\{1,2\} \oplus \{1,2,3\}$.　(4) $\emptyset \times \{1,2\}$.

**2** 2次関数 $f\colon \mathbb{R} \to \mathbb{R},\ f\colon x \mapsto x^2$ に関する以下の問に答えよ．
(1) $f$ は全射か．
(2) $f$ は単射か．
(3) $f$ は全単射か．

**3** グラフと有向グラフに関する以下の問に答えよ．
(1) 3点から成る有向ループのない有向グラフで互いに非同型なものをすべて列挙せよ．
(2) 4点から成るループのないグラフで互いに非同型なものをすべて列挙せよ．

# 第2章

# グラフの連結性

この章では，グラフの路と閉路などの用語を説明し，グラフの連結性の定義を紹介する．また，グラフの連結成分とグラフの点集合上の同値関係の同値類との対応を示す．さらに，有向グラフの有向路と有向閉路などの用語を説明し，有向グラフの強連結性と弱連結性の定義を紹介する．

2.1 グラフの連結性
2.2 有向グラフの連結性
2.3 部分グラフと有向部分グラフ
2.4 グラフの連結成分

## 2.1 グラフの連結性

グラフにおいて，隣接する辺の系列：

$$\bigl((v_0,v_1),(v_1,v_2),\ldots,(v_{i-1},v_i),(v_i,v_{i+1}),\ldots,(v_{k-1},v_k)\bigr)$$

を（点 $v_0$ と $v_k$ を結ぶ）**路**と言う．また，$v_0$ と $v_k$ をこの路の**端点**と言う．特に，$v_0 = v_k$ であるとき，**閉路**と言う．ループは閉路であることに注意しよう．同じ辺を 2 度以上通らないような路は**単純**であると言い，端点以外の点を 2 度以上通らないような路は**初等的**であると言う．図 2.1 に示すグラフにおいて，路：

$$\bigl((1,2),(2,5),(5,3),(3,2),(2,5),(5,4)\bigr)$$

は単純でも初等的でもない．また，路：

$$\bigl((1,2),(2,3),(3,1),(1,4),(4,3),(3,5)\bigr)$$

は単純ではあるが初等的ではない．路：

$$\bigl((1,2),(2,3),(3,4)\bigr)$$

は初等的である．初等的な路は単純でもあることに注意しよう．最後に，

$$\bigl((1,2),(2,5),(5,3),(3,1)\bigr)$$

は初等的閉路である．路に含まれる辺の数をその路の**長さ**と言う．

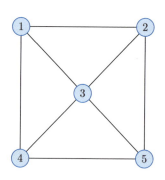

図 2.1　グラフ

## 2.1 グラフの連結性

---
**定理 2.1**

$n$ 点から成るグラフの点 $u$ と $v$ を結ぶ路が存在するならば，点 $u$ と $v$ を結ぶ長さ $n-1$ 以下の初等的路が存在する．

---

【証明】 点 $u$ と $v$ が同じ点である場合には，点 $u$ と $v$ を結ぶ長さ $0$ の初等的路が存在する．異なる 2 点 $u$ と $v$ を結ぶ路 $P$ が初等的ではないならば，$P$ には 2 度通る点 $w$ が存在し，

$$P = ((u, v_1), (v_1, v_2), \ldots, (v_{i-1}, w), (w, v_i), \ldots,$$
$$(v_{j-1}, w), (w, v_j), \ldots, (v_{k-1}, v_k), (v_k, v))$$

のようになっている．このとき，

$$((u, v_1), (v_1, v_2), \ldots, (v_{i-1}, w), (w, v_j), \ldots, (v_{k-1}, v_k), (v_k, v))$$

は点 $u$ と $v$ を結ぶ，$P$ より長さの短い路である．この論法を繰り返していけば，点 $u$ と $v$ を結ぶ初等的路が得られる．初等的路は各点を高々 1 度しか通らないので，その長さは $n-1$ 以下である． ∎

点 $u$ と $v$ を結ぶ長さが最小である路を $u$ と $v$ を結ぶ**最短路**と言う．最短路は初等的であることに注意しよう．

グラフは，任意の点対を結ぶ路が存在するとき，**連結**であると言う．簡単に分かるように，図 2.1 に示すグラフは連結である．

## 2.2 有向グラフの連結性

有向グラフにおいて，有向辺の系列：
$$((v_0, v_1), (v_1, v_2), \ldots, (v_{i-1}, v_i), (v_i, v_{i+1}), \ldots, (v_{k-1}, v_k))$$
を（点 $v_0$ から $v_k$ への）**有向路**と言う．また，$v_0$ と $v_k$ をこの有向路の**始点**と**終点**と言う．特に，$v_0 = v_k$ であるとき，**有向閉路**と言う．有向ループは有向閉路であることに注意しよう．同じ有向辺を 2 度以上通らないような有向路は**単純**であると言い，始点と終点以外の点を 2 度以上通らないような有向路は**初等的**であると言う．図 2.2 に示す有向グラフにおいて，有向路：
$$((1,2), (2,3), (3,1), (1,2), (2,5))$$
は単純でも初等的でもない．また，有向路：
$$((1,2), (2,3), (3,1), (1,4), (4,3), (3,5))$$
は単純ではあるが初等的ではない．有向路：
$$((1,2), (2,3), (3,5))$$
は初等的である．初等的有向路は単純でもあることに注意しよう．最後に，
$$((1,2), (2,5), (5,4), (4,3), (3,1))$$
は初等的有向閉路である．有向路に含まれる有向辺の数をその有向路の**長さ**と言う．次の定理は定理 2.1 と同じようにして証明できる．

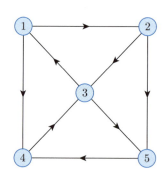

図 2.2　有向グラフ

## 定理 2.2

$n$ 点から成る有向グラフの点 $u$ から $v$ への有向路が存在するならば，点 $u$ から $v$ への長さ $n-1$ 以下の初等的有向路が存在する．

点 $u$ から $v$ への長さが最小である有向路を $u$ から $v$ への**最短有向路**と言う．最短有向路は初等的であることに注意しよう．

有向グラフは，任意の点から任意の他の点への有向路が存在するとき，**強連結**であると言う．簡単に分かるように，図 2.2 に示す有向グラフは強連結である．

有向グラフ $\Gamma$ の各有向辺 $(u,v)$ を非順序対とみなして得られるグラフ $G$ を $\Gamma$ の**基礎グラフ**と言う．すなわち，$\Gamma$ の各有向辺の向きを無視して得られるグラフが $G$ である．図 2.3 に有向グラフとその基礎グラフの例を示す．

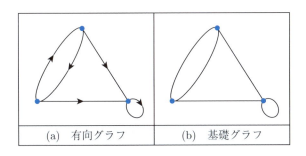

図 2.3 有向グラフとその基礎グラフ

ここで，$G$ には同じ点対を結ぶ複数本の辺が存在することがあるが，これらの辺を**多重辺**と言い，多重辺を含むグラフを**多重グラフ**と言う．一方，多重辺もループも含まないグラフを**単純グラフ**と言う．本書では主に単純グラフを扱うので，単純グラフを単にグラフと言う．任意の異なる 2 点に対して，それらを結ぶ辺が存在するグラフを**完全グラフ**と言う．$n$ 点から成る完全グラフを

$$K_n$$

と書く．$K_n$ は $n$ 点から成るグラフの中で辺数が最大であるグラフである．図 2.4 に $K_1$ から $K_5$ までを示す．

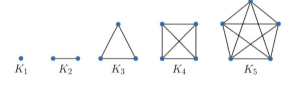

図 2.4 完全グラフ

**━━ 例題 2.1 ━━━━━━━━━━━━━━━━━━━━━━━━━━**
$K_n$ の辺数はいくつか.

**【解答1】** $K_n$ の辺数は $n$ 点から異なる 2 点を選ぶ組合せの数に等しいので，
$$\binom{n}{2} = \frac{n(n-1)}{2}$$
である．

**【解答2】** 完全グラフの定義から，$K_n$ の任意の点の次数は $n-1$ である．したがって，定理 1.5 から $K_n$ の辺数は
$$\frac{n(n-1)}{2}$$
であることが分かる． ■

有向グラフ $\Gamma$ の各有向辺 $(u,v)$ に対して，有向辺 $(v,u)$ が存在しないならば有向辺 $(v,u)$ を付加して得られる有向グラフが強連結であるとき，$\Gamma$ は **弱連結** であると言う．すなわち，$\Gamma$ の基礎グラフが連結であるとき，$\Gamma$ は弱連結であると言う．図 2.3 (a) に示す有向グラフは，強連結ではないが，弱連結である．

## 2.3 部分グラフと有向部分グラフ

有向グラフ $\Gamma$ と $\Gamma'$ に対して，
$$V(\Gamma') \subseteq V(\Gamma),$$
$$A(\Gamma') \subseteq A(\Gamma)$$
であるとき，$\Gamma'$ は $\Gamma$ の**有向部分グラフ**であると言う．有向グラフ $\Gamma$ に有向グラフ $\Lambda$ と同型な有向部分グラフが存在するとき，$\Gamma$ は $\Lambda$ を（有向部分グラフとして）含む，あるいは $\Lambda$ は $\Gamma$ に（有向部分グラフとして）存在するなどと言う．例えば，図 2.5 に示す有向グラフは図 2.2 に示す有向グラフの有向部分グラフである．

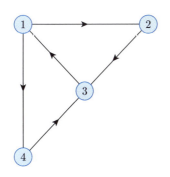
図 2.5 有向部分グラフ

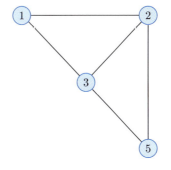
図 2.6 部分グラフ

グラフ $G$ と $G'$ に対して，
$$V(G') \subseteq V(G),$$
$$E(G') \subseteq E(G)$$
であるとき，$G'$ は $G$ の**部分グラフ**であると言う．グラフ $G$ にグラフ $H$ と同型な部分グラフが存在するとき，$G$ は $H$ を（部分グラフとして）含む，あるいは $H$ は $G$ に（部分グラフとして）存在するなどと言う．例えば，図 2.6 に示すグラフは図 2.1 に示すグラフの部分グラフである．

## 2.4 グラフの連結成分

グラフ $G$ の連結な部分グラフ $G'$ は，
$$E(G') = \{(u,v) \mid u,v \in V(G'), (u,v) \in E(G)\}$$
であり，$V(G')$ の点と $V(G) - V(G')$ の点を結ぶ $G$ の辺が存在しないとき，$G$ の **連結成分** であると言う．任意のグラフ $G$ は連結成分に分割されることに注意しよう．すなわち，$G_1, G_2, \ldots, G_k$ が $G$ のすべての連結成分であるとき，
$$V(G) = V(G_1) \cup V(G_2) \cup \cdots \cup V(G_k),$$
$$E(G) = E(G_1) \cup E(G_2) \cup \cdots \cup E(G_k),$$
$$i \neq j \Rightarrow V(G_i) \cap V(G_j) = \emptyset, E(G_i) \cap E(G_j) = \emptyset$$
である．図 2.7 に連結グラフと非連結グラフの例を示す．(a) の連結グラフの連結成分は一つであり，(b) の非連結グラフは二つの連結成分から成る．

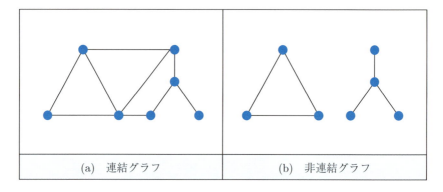

(a) 連結グラフ　　　　　　(b) 非連結グラフ

図 2.7　連結グラフと非連結グラフ

### 例題 2.2

グラフ $G$ の点集合 $V(G)$ 上の 2 項関係：
$$R_c = \{(u,v) \mid u, v \in V(G), u と v を結ぶ路が存在する\}$$
は同値関係であることを示せ．

【解答】 明らかに任意の点 $v$ から $v$ への路が存在するので，任意の $v \in V(G)$ に対して
$$(v,v) \in R_c$$
であり，$R_c$ は反射律を満たす．点 $u$ と $v$ を結ぶ路は $v$ と $u$ を結ぶ路でもあるので，
$$(u,v) \in R_c \Rightarrow (v,u) \in R_c$$
であり，$R_c$ は対称律を満たす．点 $u$ と $v$ を結ぶ路と $v$ と $w$ を結ぶ路を結合すると $u$ と $w$ を結ぶ路が得られるので，
$$(u,v), (v,w) \in R_c \Rightarrow (u,w) \in R_c$$
であり，$R_c$ は推移律を満たす．したがって，$R_c$ は $V(G)$ 上の同値関係である．

$R_c$ に関する任意の同値類 $X \subseteq V(G)$ に対して，$X$ を点集合とし，$X$ の点対を結ぶ $G$ のすべての辺を辺集合とする $G$ の部分グラフは $G$ の連結成分であることに注意しよう． ■

## 2 章の問題

☐ **1** 任意の強連結な有向グラフには初等的有向閉路が存在することを示せ．

☐ **2** 連結なグラフに初等的閉路が存在するとは限らないことを示せ．

# 第3章

# オイラー路とハミルトン路

　この章では，オイラーグラフとハミルトングラフを紹介する．オイラーグラフは始点と終点が一致するように一筆書きできるグラフのことであるが，有名なKönigsbergの七つの橋問題を解決したEulerに由来する．本章で紹介する定理3.1はEulerの1736年の論文[11]に示されているが，これはグラフに関する最初の定理であると言われている．ハミルトングラフはすべての点を通る初等的閉路が存在するグラフであるが，1857年にHamiltonが発明した数学的ゲームに由来する．これは正十二面体の各辺を高々1回通り，すべての頂点をちょうど1回通る閉じた経路を見つけるゲームである．本章で紹介する定理3.3はRédeiの1934年の論文[26]に示されている．また，定理3.4はCamionの1959年の論文[6]に示されているが，ここで紹介する証明はMoonの1966年の論文[23]によるものである．

> 3.1　グラフのオイラー路
> 3.2　有向グラフの有向オイラー路
> 3.3　ハミルトン路と有向ハミルトン路

## 3.1 グラフのオイラー路

グラフのすべての辺を含む単純路を**オイラー路**と言う．グラフのオイラー路はそのグラフを一筆書きする書き順に対応している．オイラー閉路を含むグラフを**オイラーグラフ**と言う．図 3.1 にオイラーグラフの例を示す．例えば，

$$((1,2),(2,5),(5,7),(7,6),(6,3),(3,1),$$
$$(1,4),(4,7),(7,2),(2,4),(4,6),(6,1))$$

がオイラー閉路である．次の定理に示すように，オイラーグラフは点の次数によって特徴付けることができる．

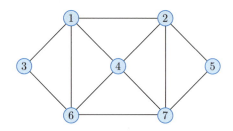

図 3.1　オイラーグラフ

**定理 3.1**

連結グラフ $G$ がオイラーグラフであるための必要十分条件は，$G$ が次数が奇数である点を含まないことである．

**【証明】** 連結グラフ $G$ がオイラーグラフであると仮定する．$G$ のオイラー閉路をたどっていくとき，端点以外の点を通る度にその点に接続する二つの辺を通るので，端点以外の点の次数は偶数であることが分かる．したがって，系 1.1 から端点の次数も偶数であるので，$G$ は次数が奇数の点を含まないことが分かる．

逆に，連結グラフ $G$ が次数が奇数の点を含まないと仮定する．$G$ がオイラーグラフであることを $|E(G)|$ に関する数学的帰納法で示す．

$|E(G)| \leq 3$ の場合には，$G$ は図 3.2 に示す $K_1$ か $K_3$ と同型であり，$G$ はオイラーグラフであることが分かる．

$|E(G)| \geq 4$ とし，$|E(G')| < |E(G)|$ である任意の連結グラフ $G'$ に対しては定理が成り立つと仮定する．$G$ の任意の点 $u$ から任意に単純路を構成していくと，$E(G)$ は有限集合であるから，これ以上単純路を拡張できない点 $v$ に到達する．$G$ は次数が

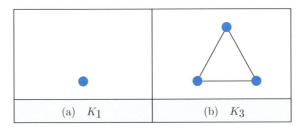

図 3.2　3 辺以下のオイラーグラフ

奇数の点を含まないので，$u = v$ であることが分かる．この単純閉路を $C$ とする．$C$ が通る点と辺から成る $G$ の部分グラフにおいて，各点の次数は偶数であることに注意しよう．$C$ が $G$ のオイラー閉路ならば，$G$ はオイラーグラフであることが分かる．$C$ が $G$ のオイラー閉路でないならば，$G$ から $C$ に含まれる辺をすべて除去して得られるグラフを $H$ とする．$H$ は次数が奇数である点を含まないので，帰納法の仮定から，$H$ の各連結成分はオイラーグラフであることが分かる．$G$ は連結であるから，$H$ の各連結成分は $C$ が通った点を含んでいる．そこで，$C$ と $H$ の各連結成分のオイラー閉路を組み合わせて $G$ のオイラー閉路を構成できることが分かる（例題 3.1 参照）．したがって，$G$ はオイラーグラフである． ∎

### 例題 3.1

定理 3.1 の証明を応用して，図 3.1 に示すグラフのオイラー閉路を構成せよ．

【解答】

図 3.1 に示すグラフを $G$ とする．図 3.3 に青線で示すように，点 4 から単純な路：
$$C = ((4,1), (1,2), (2,4), (4,6), (6,7), (7,4))$$

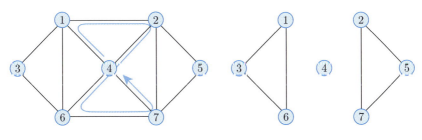

図 3.3　閉路 $C$　　　　　図 3.4　部分グラフ $H$

を構成すると，$C$ はこれ以上拡張できない．$G$ から単純閉路 $C$ に含まれる辺をすべて除去して得られる部分グラフ $H$ は，図 3.4 に示すように，1 点から成る連結成分及び $K_3$ と同型な二つの連結成分から成るが，それぞれのオイラー閉路を

$$C_1 = ((1,6),(6,3),(3,1)),$$
$$C_2 = ((2,5),(5,7),(7,2))$$

とすると，$C$ に $C_1$ と $C_2$ を

$$((4,1),C_1,(1,2),C_2,(2,4),(4,6),(6,7),(7,4))$$

のように組み合わせて，$G$ のオイラー閉路：

$$((4,1),(1,6),(6,3),(3,1),(1,2),(2,5),(5,7),(7,2),(2,4),(4,6),(6,7),(7,4))$$

を構成できる． ∎

### 系 3.1

連結グラフ $G$ にオイラー路が存在するための必要十分条件は，$G$ が次数が奇数の点を高々 2 個含むことである．

**【証明】** 連結グラフ $G$ にオイラー路が存在すると仮定する．このオイラー路をたどっていくとき，端点以外の点を通る度にその点に接続する二つの辺を通るので，端点以外の点の次数は偶数であることが分かる．したがって，次数が奇数である点は高々 2 個しか存在しないことが分かる．

逆に，連結グラフ $G$ が次数が奇数の点を高々 2 個含むと仮定する．$G$ が次数が奇数である点を含まない場合には，定理 3.1 から $G$ はオイラーグラフであり，$G$ にはオイラー閉路が存在する．$G$ が次数が奇数である点を含む場合には，系 1.1 から，次数が奇数である点はちょうど 2 個存在することが分かる．$G$ に次数が奇数である点対を結ぶ辺 $e$（この点対が隣接している場合には，多重辺が生じないように長さ 2 の路 $P$）を付加して得られる連結グラフを $G'$ とすると，$G'$ のすべての点の次数は偶数であるから，定理 3.1 から，$G'$ はオイラーグラフであることが分かる．このとき，$G'$ のオイラー閉路から辺 $e$（路 $P$）を除去すると，次数が奇数である点対を端点とする $G$ のオイラー路が得られる． ∎

定理 3.1 と系 3.1 の証明から簡単に分かるように，定理 3.1 と系 3.1 は多重グラフに対しても成り立つことに注意しよう．

## 例題 3.2

次数が奇数である点が $2k$ 個存在する連結グラフ $G$ の辺集合は，$k$ 個の単純路の辺集合に分割できることを示せ．

**【解答】** 次数が奇数である $2k$ 個の点の集合を任意に $k$ 個の点対：

$$\{u_0, v_0\}, \{u_1, v_1\}, \ldots, \{u_{k-1}, v_{k-1}\}$$

に分割する．$G$ に $k$ 本の辺：

$$(u_0, v_0), (u_1, v_1), \ldots, (u_{k-1}, v_{k-1})$$

を付加して得られる（単純グラフとは限らない）連結グラフを $G'$ とすると，$G'$ の任意の点の次数は偶数である．したがって定理 3.1 から $G'$ はオイラーグラフであり，$G'$ にはオイラー閉路 $C$ が存在する．一般性を失うことなく，$C$ には $G$ に付加した辺が

$$(u_0, v_0), (u_1, v_1), \ldots, (u_{k-1}, v_{k-1})$$

の順に含まれていると仮定する．このとき，オイラー閉路の定義から点 $v_i$ と $u_{i+1 \pmod k}$ を結ぶ $C$ の $k$ 個の部分路は単純路であり，$G$ の辺集合はこれらの $k$ 個の単純路の辺集合に分割できることが分かる．

## 3.2 有向グラフの有向オイラー路

有向グラフのすべての有向辺を含む単純有向路を**有向オイラー路**と言う．また，有向オイラー閉路を含む有向グラフを**有向オイラーグラフ**と言う．図 3.5 に有向オイラーグラフの例を示す．例えば，

$$((1,2),(2,5),(5,7),(7,6),(6,3),(3,1),$$
$$(1,4),(4,7),(7,2),(2,4),(4,6),(6,1))$$

が有向オイラー閉路である．有向オイラーグラフも点の次数によって特徴付けることができる．以下の定理と系はオイラーグラフの場合と同じようにして証明できる．

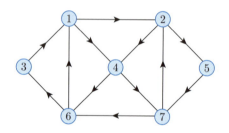

図 3.5 有向オイラーグラフ

---
**定理 3.2**

強連結な有向グラフ $\Gamma$ が有向オイラーグラフであるための必要十分条件は，$\Gamma$ の任意の点の内向次数と外向次数が等しいことである．

---
**系 3.2**

弱連結な有向グラフ $\Gamma$ に有向オイラー路が存在するための必要十分条件は，$\Gamma$ の特別な 2 点以外の任意の点の内向次数と外向次数が等しいことである．ただし，特別な 2 点においては，各点の内向次数と外向次数が等しいか，一方の内向次数が外向次数よりも 1 だけ大きく，他方の内向次数は外向次数よりも 1 だけ小さい．

## 3.3 ハミルトン路と有向ハミルトン路

オイラー路はグラフのすべての辺を含む単純路であったが，グラフのすべての点を含む初等的路を**ハミルトン路**と言う．また，ハミルトン閉路を含むグラフを**ハミルトングラフ**と言う．図 3.6 にハミルトングラフの例を示す．例えば，

$$((1,2),(2,5),(5,4),(4,3),(3,1))$$

がハミルトン閉路である．ハミルトングラフは連結であることに注意しよう．定理 3.1 のオイラーグラフの特徴付けのようなハミルトングラフの特徴付けは知られていないが，以下のような自明な十分条件がある．簡単に分かるように，任意の完全グラフにはハミルトン路が存在する．また，3 点以上から成る完全グラフにはハミルトン閉路が存在する．すなわち，3 点以上から成る完全グラフはハミルトングラフである．

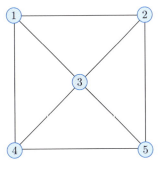

図 3.6　ハミルトングラフ

---

**例題 3.3**

図 3.7 に示す正十二面体グラフはハミルトングラフであることを示せ．

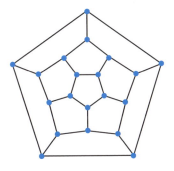

図 3.7　正十二面体グラフ

---

【解答】　図 3.8 の青い辺から成る初等的閉路がハミルトン閉路である．

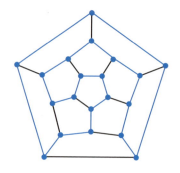

図 3.8　正十二面体グラフのハミルトン閉路

有向グラフのすべての点を含む初等的有向路を**有向ハミルトン路**と言う．また，有向ハミルトン閉路を含む有向グラフを**有向ハミルトングラフ**と言う．図 3.9 に有向ハミルトングラフの例を示す．例えば，

$$((1,2),(2,5),(5,4),(4,3),(3,1))$$

が有向ハミルトン閉路である．

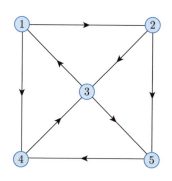

図 3.9　有向ハミルトングラフ

有向ハミルトングラフは強連結であることに注意しよう．定理 3.2 の有向オイラーグラフの特徴付けのような有向ハミルトングラフの特徴付けは知られていないが，以下の定理に示すような十分条件がある．有向グラフ $\Gamma$ の基礎グラフが完全グラフであるとき，$\Gamma$ を**トーナメント**と言う．図 3.10 にトーナメントの例を示す．(a) のトーナメントは，強連結ではないので有向ハミルトングラフではないが，有向ハミルトン路：

## 3.3 ハミルトン路と有向ハミルトン路

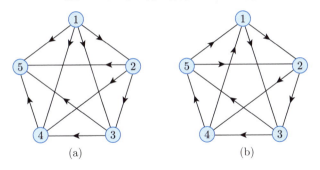

図 3.10 トーナメント

$$((1,2),(2,3),(3,4),(4,5))$$

が存在する．(b) のトーナメントには有向ハミルトン閉路：

$$((1,2),(2,3),(3,4),(4,5),(5,1))$$

が存在するので，このトーナメントは有向ハミルトングラフである．

---
**定理 3.3**

任意のトーナメントには有向ハミルトン路が存在する．

---

【証明】 トーナメントの点数に関する数学的帰納法で証明する．点数 3 以下の任意のトーナメントは，図 3.11 に示すトーナメントのいずれかと同型であり，有向ハミルトン路が存在することが分かる．

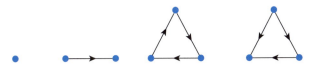

図 3.11 3 点以下のトーナメント

$n$ 点から成る任意のトーナメントには有向ハミルトン路が存在すると仮定して，$\Gamma$ を $n+1$ 点から成る任意のトーナメントとする．$\Gamma$ から任意の点 $v$ と $v$ に接続するすべての有向辺を除去して得られる $n$ 点から成るトーナメントを $\Lambda$ とする．帰納法の仮定から，$\Lambda$ には有向ハミルトン路：

$$((v_0,v_1),(v_1,v_2),\ldots,(v_{i-1},v_i),(v_i,v_{i+1}),\ldots,(v_{n-2},v_{n-1}))$$

が存在する．$\Gamma$ において，$v$ はすべての $v_i$ $(0 \leq i \leq n-1)$ と有向辺で結ばれている．

$(v, v_0) \in A(\Gamma)$ ならば，
$$((v, v_0), (v_0, v_1), (v_1, v_2), \ldots, (v_{i-1}, v_i), (v_i, v_{i+1}), \ldots, (v_{n-2}, v_{n-1}))$$
が $\Gamma$ の有向ハミルトン路である．

$(v_{n-1}, v) \in A(\Gamma)$ ならば，
$$((v_0, v_1), (v_1, v_2), \ldots, (v_{i-1}, v_i), (v_i, v_{i+1}), \ldots, (v_{n-2}, v_{n-1}), (v_{n-1}, v))$$
が $\Gamma$ の有向ハミルトン路である．

$(v_0, v), (v, v_{n-1}) \in A(\Gamma)$ ならば，
$$(v_{i-1}, v), (v, v_i) \in A(\Gamma)$$
となる $i$ $(1 \leq i \leq n-1)$ が存在する．このとき，
$$((v_0, v_1), \ldots, (v_{i-2}, v_{i-1}), (v_{i-1}, v), (v, v_i), (v_i, v_{i+1}), \ldots, (v_{n-2}, v_{n-1}))$$
が $\Gamma$ の有向ハミルトン路である． ■

**定理 3.4**

強連結なトーナメントは有向ハミルトングラフである．

**【証明】** 強連結なトーナメントは 3 点以上から成ることに注意しよう．$n \geq 3$ 点から成る強連結なトーナメント $\Gamma$ には長さが $3, 4, \ldots, n$ の初等的有向閉路が存在することを示す．

まず，$v$ を $\Gamma$ の任意の点とし，
$$X = \{x \mid x \in V(\Gamma), (v, x) \in A(\Gamma)\},$$
$$Y = \{y \mid y \in V(\Gamma), (y, v) \in A(\Gamma)\}$$
とする．$\Gamma$ は強連結であるから，
$$X, Y \neq \emptyset$$
であり，
$$(x, y) \in A(\Gamma)$$
である点 $x \in X$, $y \in Y$ が存在する．したがって，$\Gamma$ には長さ 3 の初等的有向閉路：
$$((v, x), (x, y), (y, v))$$
が存在する．

次に，$\Gamma$ に長さ $k$ $(3 \leq k \leq n-1)$ の初等的有向閉路が存在するならば，$\Gamma$ には長さ $k+1$ の初等的有向閉路が存在することを示す．$\Gamma$ に存在する長さ $k$ の初等的有向閉路を
$$((v_0, v_1), (v_1, v_2), \ldots, (v_{i-1}, v_i), (v_i, v_{i+1}), \ldots, (v_{k-2}, v_{k-1}), (v_{k-1}, v_0))$$

とする．

ある $i, j$ $(0 \leq i, j \leq k-1)$ に対して
$$(v, v_i), (v_j, v) \in A(\Gamma)$$
であるような点：
$$v \in V(\Gamma) - \{v_0, v_1, \ldots, v_{k-1}\}$$
が存在するならば，
$$(v_{h-1}, v), (v, v_h) \in A(\Gamma)$$
である点 $v_h$ $(1 \leq h \leq k-1)$ が存在する．このとき，
$$((v_0, v_1), \ldots, (v_{h-2}, v_{h-1}), (v_{h-1}, v), (v, v_h), (v_h, v_{h+1}), \ldots, (v_{k-1}, v_0))$$
は長さ $k+1$ の初等的有向閉路である．

そのような点：
$$v \in V(\Gamma) - \{v_0, v_1, \ldots, v_{k-1}\}$$
が存在しないならば，点集合：
$$W = V(\Gamma) - \{v_0, v_1, \ldots, v_{k-1}\}$$
は以下の
$$X = \{x \mid x \in W, (v_i, x) \in A(\Gamma) \ (0 \leq i \leq k-1)\},$$
$$Y = \{y \mid y \in W, (y, v_j) \in A(\Gamma) \ (0 \leq j \leq k-1)\}$$
に分割される．$\Gamma$ は強連結であるから，
$$X, Y \neq \emptyset$$
であり，
$$(x, y) \in A(\Gamma)$$
である点 $x \in X$, $y \in Y$ が存在する．このとき，$\Gamma$ には長さ $k+1$ の初等的有向閉路：
$$((v_0, x), (x, y), (y, v_2), (v_2, v_3), \ldots, (v_{k-2}, v_{k-1}), (v_{k-1}, v_0))$$
が存在する． ■

# 3章の問題

□ **1** 図 3.12 に示すグラフのオイラー路を示せ.

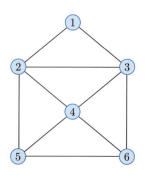

図 3.12　グラフ

□ **2** 定理 3.1 と系 3.1 は多重グラフに対しても成り立つことを示せ.

□ **3** 図 3.13 に示すグラフはハミルトングラフか.

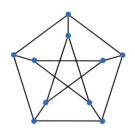

図 3.13　グラフ

# 第4章

# 木と有向木

　この章では，木と呼ばれる特別なグラフを紹介する．木は初等的閉路を含まない連結なグラフである．Tree という用語は，1857 年に Cayley [7] によって初めて用いられたと言われている．本章で紹介する定理 4.2 は Kirchhoff の 1847 年の論文 [16] に示されている．また，定理 4.3 は Borchardt の 1860 年の論文 [4] に示されているが，ここで紹介する証明は Prüfer の 1918 年の論文 [25] によるものである．

4.1　木
4.2　グラフの全域木
4.3　全域木の数
4.4　有向木

## 4.1 木

グラフは，連結でありかつ初等的閉路を含まないとき，**木**と呼ばれる．また，すべての連結成分が木であるグラフを**森**と言う．図 4.1 に木の例を示す．

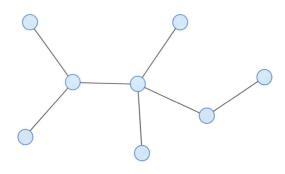

図 4.1 木

---
**補題 4.1**

2 点以上から成る木には次数が 1 の点が存在する．

---

【証明】 木 $T$ の任意の点 $v_0$ から任意に初等的路を構成していくと，$V(T)$ は有限集合であるから，それ以上初等的路を拡張できない点 $v_k$ $(k \geq 1)$ に到達する．このとき得られた初等的路を

$$((v_0, v_1), (v_1, v_2), \ldots, (v_{k-1}, v_k))$$

としよう．$v_k$ の次数が 2 以上であると仮定すると，$v_k$ には辺 $(v_{k-1}, v_k)$ 以外にもう 1 本の辺が接続している．しかし，$v_k$ より先に初等的路を拡張できないので，この辺はある $i$ $(0 \leq i \leq k-1)$ に対して，$(v_k, v_i)$ であることが分かる．したがって，$T$ には初等的閉路：

$$((v_i, v_{i+1}), (v_{i+1}, v_{i+2}), \ldots, (v_{k-1}, v_k), (v_k, v_i))$$

が存在することになるが，これは $T$ が木であることに反する．したがって，$v_k$ が次数 1 の点であることが分かる． ■

実は，2 点以上から成る木には次数が 1 の点がもう一つ存在する．

> **例題 4.1**
> 2 点以上から成る木には次数が 1 の点が 2 個存在することを示せ．

【解答】 補題 4.1 から次数が 1 の点が存在するが，この点を $v_0$ として補題 4.1 の証明と同じ議論をすれば，$v_k$ が $v_0$ とは異なる次数 1 の点であることが分かる． ∎

以上で木の重要な性質を紹介する準備ができた．

> **定理 4.1**
> $n$ 点から成る木の辺数は $n-1$ である．

【証明】 木の点数に関する数学的帰納法で証明する．図 4.2 に示すように，点数が 2 以下の木に対しては定理が成り立っている．$n \geq 3$ 点から成る木 $T$ を考える．補題 4.1 から $T$ には次数が 1 である点 $v$ が存在する．$T$ から $v$ と $v$ に接続する一意的な辺を除去すると $n-1$ 点から成る木が得られるが，帰納法の仮定から，この木の辺数は $n-2$ である．したがって，$T$ の辺数は $n-1$ であることが分かる．

(a) $n=1$ (b) $n=2$

図 4.2 2 点以下から成る木 ∎

## 4.2 グラフの全域木

木 $T$ は，グラフ $G$ の部分グラフであり，
$$V(T) = V(G)$$
であるとき，$G$ の**全域木**であると言う．図 4.3 に全域木の例を示す．太線で示した辺から成る部分グラフが全域木である．

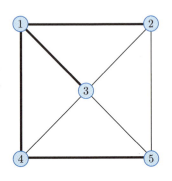

**図 4.3** グラフの全域木

---
**定理 4.2**

グラフが連結であるための必要十分条件は，それが全域木を含むことである．

---

【証明】 グラフが全域木を含むとき，全域木は連結であるので，そのグラフも連結であることが分かる．

連結グラフが初等的閉路を含んでいるとき，その初等的閉路から任意の一つの辺を除去しても残りの部分グラフは連結である．初等的閉路がなくなるまで初等的閉路から辺を除去していくと初等的閉路を含まない連結な部分グラフが得られる．点は除去しないので，この部分グラフは全域木であることが分かる． ∎

定理 4.1 と定理 4.2 から以下の二つの系を得る．

---
**系 4.1**

$n$ 点から成る連結グラフの辺数は $n-1$ 以上である．

---

---
**系 4.2**

$n$ 点と $n-1$ 辺から成る連結グラフは木である．

---

## 4.3 全域木の数

グラフ $G$ の全域木 $T$ と $T'$ は，
$$(u,v) \in E(T),$$
$$(u,v) \notin E(T')$$
である点対 $u$, $v$ が存在するとき，異なると言う．図 4.4 に示す完全グラフ $K_4$ の異なる全域木を図 4.5 に示す．次の定理に示すように，$K_n$ の異なる全域木の数は，点数 $n$ が大きくなるにしたがって爆発的に大きくなる．

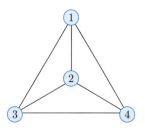

図 4.4　完全グラフ $K_4$

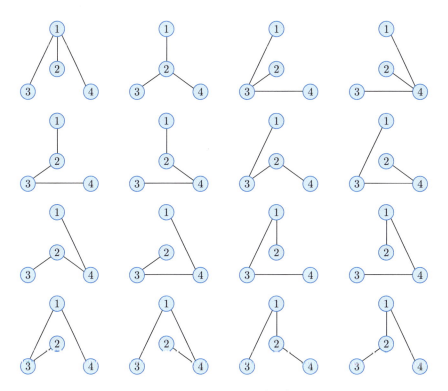

図 4.5　$K_4$ の異なる全域木

# 第4章 木と有向木

## 定理 4.3

完全グラフ $K_n$ の異なる全域木の数は $n^{n-2}$ である.

**【証明】** $n=1$ であるとき，$K_1$ には一意的な全域木が存在するので，定理が成立する．そこで，$n \geq 2$ として，$K_n$ の異なる全域木の集合を $ST(K_n)$ とする．以下では

$$|ST(K_n)| = |V(K_n)^{n-2}|$$

であることを示す．ただし，$\Lambda$ を空列としたときに，$V(K_2)^0 = \{\Lambda\}$ であるものとする．したがって，

$$|V(K_2)^0| = 1$$

である．一般性を失うことなく $V(K_n) = \{1, 2, \ldots, n\}$ とする．任意の全域木：

$$T_n \in ST(K_n)$$

に対して一意的な点の系列：

$$(x_1, x_2, \ldots, x_{n-2}) \in V(K_n)^{n-2}$$

を以下のようにして対応させる．補題 4.1 から，$T_n$ には次数が 1 である点が存在する．$T_n$ の次数が 1 である点の中で番号が最小の点を $y_1$ とし，$y_1$ に隣接する一意的な点の番号を $x_1$ とする．次に，$T_n$ から $y_1$ と $y_1$ に接続する一意的な辺を除去して得られる木 $T_n - y_1$ の次数が 1 である点の中で番号が最小の点を $y_2$ とし，$y_2$ に隣接する一意的な点の番号を $x_2$ とする．この操作を $x_{n-2}$ が定義されるまで繰り返すと，点の系列：

$$(x_1, x_2, \ldots, x_{n-2})$$

が得られる．このとき，2 点から成る木が残ることに注意しよう．例えば，図 4.6 に示す木に対しては，点の系列 $(3, 3, 5, 5, 5, 7)$ が得られ，辺 $(7, 8)$ が残る．異なる全域

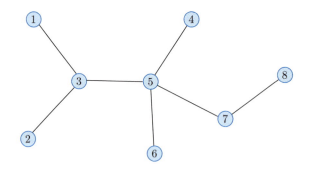

図 4.6 $K_8$ の全域木

木は異なる点の系列に対応しているので，この対応は $ST(K_n)$ から $V(K_n)^{n-2}$ への単射である．

逆に，任意の点の系列 $(x_1, x_2, \ldots, x_{n-2}) \in V(K_n)^{n-2}$ に対して一意的な全域木：
$$T_n \in ST(K_n)$$
を以下のようにして対応させる．点の系列：
$$(x_1, x_2, \ldots, x_{n-2})$$
にない点の中で最小の点の番号を $y_1$ とし，点 $x_1$ と $y_1$ を辺で結ぶ．次に，点の系列 $(x_2, \ldots, x_{n-2})$ にない $V(K_n) - \{y_1\}$ の点の中で最小の点の番号を $y_2$ とし，$x_2$ と $y_2$ を辺で結ぶ．この操作を辺 $(x_{n-2}, y_{n-2})$ が定義されるまで繰り返す．最後に，
$$V(K_n) - \{y_1, y_2, \ldots, y_{n-2}\}$$
に含まれる 2 点 $x_{n-1}, y_{n-1}$ を辺 $(x_{n-1}, y_{n-1})$ で結んで全域木 $T_n$ が得られる．

この $T_n$ が確かに全域木であることは以下のように $n$ に関する数学的帰納法を用いて証明できる．$n = 2$ のときには，$T_2$ は辺 $(1, 2)$ から成る $K_2$ の全域木である．$n \geq 3$ として，任意の $T_{n-1}$ は $K_{n-1}$ の全域木であると仮定する．点の系列：
$$(x_1, x_2, \ldots, x_{n-2}) \in V(K_n)^{n-2}$$
に対する $T_n$ は，点の系列：
$$(x_2, \ldots, x_{n-2}) \in \bigl(V(K_n) - \{y_1\}\bigr)^{n-3}$$
に対する $T_{n-1}$ の点 $x_1$ と $T_{n-1}$ にない点 $y_1$ を辺で結んで得られる．帰納法の仮定から $T_{n-1}$ は $K_{n-1}$ の全域木であるから，$T_n$ は $K_n$ の全域木であることが分かる．

例えば，点の系列 $(3, 3, 5, 5, 5, 7)$ に対しては，図 4.6 に示す木が得られる．異なる点の系列は異なる全域木に対応しているので，この対応は $V(K_n)^{n-2}$ から $ST(K_n)$ への単射である．

以上のことと定理 1.2 から，$|ST(K_n)| = |V(K_n)^{n-2}|$ であることが分かる．さらに，定理 1.1 から
$$\bigl|ST(K_n)\bigr| = \bigl|V(K_n)^{n-2}\bigr| = \bigl|V(K_n)\bigr|^{n-2} = n^{n-2}$$
であるので，定理が証明された． ■

定理 4.3 から，完全グラフ $K_4$ の異なる全域木の数は 16 であるが，図 4.5 から分かるように，互いに非同型な全域木の数は 2 である．$K_n$ の互いに非同型な全域木の数は知られていないが，点数 $n$ が大きくなるにしたがって指数関数的に大きくなることが分かっている．すなわち，互いに非同型な全域木の数も爆発的に大きくなるのである．

## 4.4 有向木

有向グラフ $\Gamma$ は，その基礎グラフが木であるとき，**有向木**と呼ばれる．特に，有向木のある点 $r$ から他の任意の点への有向路が存在するとき，その有向木を**外向木**と言う．また，有向木の任意の点からある点 $r$ への有向路が存在するとき，その有向木を**内向木**と言う．このとき，点 $r$ は**根**と呼ばれる．有向木は弱連結であることに注意しよう．図 4.7 に有向木と外向木と内向木の例を示す．

有向木 $\Lambda$ は，有向グラフ $\Gamma$ の有向部分グラフであり，
$$V(\Lambda) = V(\Gamma)$$
であるとき，$\Gamma$ の**有向全域木**であると言う．図 4.8 に有向全域木の例を示す．太線で示した有向辺から成る有向部分グラフが有向全域木である．木のときと同じように以下が成り立つことは明らかであろう．

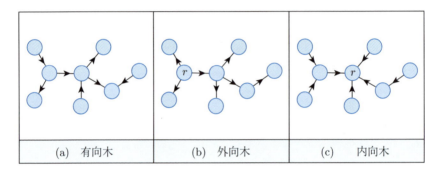

図 4.7　有向木と外向木と内向木

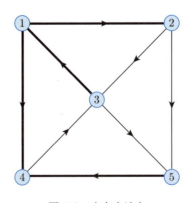

図 4.8　有向全域木

## 補題 4.2
2 点以上から成る有向木には外向次数と内向次数の和が 1 の点が 2 個存在する．

## 定理 4.4
$n$ 点から成る有向木の有向辺の数は $n-1$ である．

## 定理 4.5
有向グラフが弱連結であるための必要十分条件はそれが有向全域木を含むことである．

## 系 4.3
$n$ 点から成る弱連結な有向グラフの有向辺の数は $n-1$ 以上である．

## 系 4.4
$n$ 点と $n-1$ 有向辺から成る弱連結グラフは有向木である．

# 4 章の問題

□ **1** 点数と辺数が等しいグラフには初等的閉路が存在することを示せ．

□ **2** オイラー路が存在する木はどのような木か．

□ **3** ハミルトン路が存在する木はどのような木か．

# 第5章

# グラフの行列表現

グラフを表現する様々な行列が知られているが，この章ではグラフの接続行列による表現を紹介する．接続行列は 1847 年に Kirchhoff [16] によって初めて用いられたと言われている．この論文 [16] には本章で紹介する定理 5.2 が示されている．

---

5.1 グラフの接続行列
5.2 有向グラフの接続行列
5.3 接続行列の階数

## 5.1 グラフの接続行列

$G$ をグラフとし，

$$V(G) = \{v_1, v_2, \ldots, v_n\},$$
$$E(G) = \{e_1, e_2, \ldots, e_m\}$$

であるものとする．$(i,j)$ 要素が，辺 $e_j$ が点 $v_i$ に接続するとき 1，そうでないとき 0 であるような $n \times m$ 行列：

$$B(G) = [b_{ij}]$$

を $G$ の**接続行列**と言う．

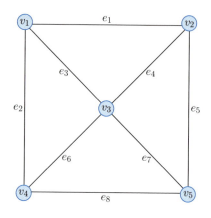

図 5.1　グラフ

図 5.1 に示すグラフ $G$ の接続行列 $B(G)$ は以下のようになる．

$$B(G) = \begin{bmatrix} 1 & 1 & 1 & 0 & 0 & 0 & 0 & 0 \\ 1 & 0 & 0 & 1 & 1 & 0 & 0 & 0 \\ 0 & 0 & 1 & 1 & 0 & 1 & 1 & 0 \\ 0 & 1 & 0 & 0 & 0 & 1 & 0 & 1 \\ 0 & 0 & 0 & 0 & 1 & 0 & 1 & 1 \end{bmatrix}$$

## 5.1 グラフの接続行列

$B(G)$ から容易に $G$ を復元することができるので，$B(G)$ は $G$ と同じ情報をもっている．次の補題は接続行列の定義から明らかである．

> **補題 5.1**
> 接続行列 $B(G)$ の第 $i$ 行の要素の和は点 $v_i$ の次数に等しい．

次の補題はグラフの辺は 2 点を結んでいることに由来する．

> **補題 5.2**
> グラフの接続行列の各列の要素の和は 2 である．

> **例題 5.1**
> 補題 5.1 と補題 5.2 を用いて定理 1.5 を証明せよ．

【解答】 補題 5.1 から $G$ の点の次数の和は $B(G)$ の非零要素の和に等しい．また，補題 5.2 から $B(G)$ の非零要素の和は $G$ の辺数の 2 倍であることが分かる．したがって，定理 1.5 を得る． ∎

## 5.2 有向グラフの接続行列

$\Gamma$ を有向ループのない有向グラフとし，
$$V(\Gamma) = \{v_1, v_2, \ldots, v_n\},$$
$$A(\Gamma) = \{a_1, a_2, \ldots, a_m\}$$
であるものとする．$(i,j)$ 要素が，点 $v_i$ が有向辺 $a_j$ の始点であるとき 1，点 $v_i$ が有向辺 $a_j$ の終点であるとき $-1$，有向辺 $a_j$ が点 $v_i$ に接続していないとき 0 であるような $n \times m$ 行列：
$$B(\Gamma) = [b_{ij}]$$
を $\Gamma$ の**接続行列**と言う．

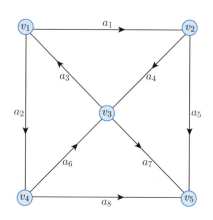

図 5.2 有向グラフ

図 5.2 に示す有向グラフ $\Gamma$ の接続行列 $B(\Gamma)$ は以下のようになる．

$$B(\Gamma) = \begin{bmatrix} 1 & 1 & -1 & 0 & 0 & 0 & 0 & 0 \\ -1 & 0 & 0 & 1 & 1 & 0 & 0 & 0 \\ 0 & 0 & 1 & -1 & 0 & -1 & 1 & 0 \\ 0 & -1 & 0 & 0 & 0 & 1 & 0 & 1 \\ 0 & 0 & 0 & 0 & -1 & 0 & -1 & -1 \end{bmatrix}$$

## 5.2 有向グラフの接続行列

$B(\Gamma)$ から容易に $\Gamma$ を復元することができるので，$B(\Gamma)$ は $\Gamma$ と同じ情報をもっている．グラフのときと同じように以下の補題が成り立つ．

---
**補題 5.3**

接続行列 $B(\Gamma)$ の第 $i$ 行の非零要素 1 の数は点 $v_i$ の外向次数に等しく，非零要素 $-1$ の数は点 $v_i$ の内向次数に等しい．

---
**補題 5.4**

有向グラフの接続行列の各列には非零要素 1 と $-1$ が一つずつ存在する．

---
**例題 5.2**

補題 5.3 と補題 5.4 を用いて定理 1.4 を証明せよ．

---

【解答】 補題 5.3 から $\Gamma$ の点の外向次数の和は $B(\Gamma)$ の非零要素 1 の和に等しく，内向次数の和は $B(\Gamma)$ の非零要素 $-1$ の和の絶対値に等しい．また，補題 5.4 から $B(\Gamma)$ の非零要素 1 の和と非零要素 $-1$ の和の絶対値はそれぞれ $\Gamma$ の有向辺の数に等しいことが分かる．したがって，定理 1.4 を得る． ■

## 5.3 接続行列の階数

$\Gamma$ を $n$ 点から成る有向グラフとする．補題 5.4 から接続行列 $B(\Gamma)$ のすべての行ベクトルの和をとると零ベクトルになるので，接続行列の行ベクトルの集合は線形従属であることが分かる．したがって，以下の補題を得る．

---
**補題 5.5**

$B(\Gamma)$ の階数は $n-1$ 以下である．

---

以下では，$\Gamma$ が弱連結であるときには，$B(\Gamma)$ の階数がちょうど $n-1$ であることを示そう．$B(\Gamma)$ から任意の 1 行を除去して得られる行列を $B^-(\Gamma)$ とする．$\Lambda$ を $n$ 点から成る有向木とすると，定理 4.4 から $B^-(\Lambda)$ の列数は $n-1$ であるから，$B^-(\Lambda)$ は正方行列である．

---
**定理 5.1**

$\Lambda$ が 2 点以上から成る有向木ならば，$B^-(\Lambda)$ の行列式の値は $\pm 1$ である．

---

【証明】 有向木 $\Lambda$ の点数 $n$ に関する数学的帰納法で証明する．$n=2$ のときには $B^-(\Lambda)$ は要素が 1 か $-1$ である $1\times 1$ 行列であるから，その行列式の値は $\pm 1$ である．

$2 \leq n \leq k$ のときに定理が成立すると仮定して，$\Lambda$ の点数が $k+1$ である場合について考える．補題 4.2 から接続する有向辺がちょうど 1 本である点が 2 個存在するので，一般性を失うことなく点 $v_i$ に接続する一意的な有向辺が $a_j$ であると仮定する．このとき，

$$b_{ij} = \pm 1$$

であり，

$$\text{任意の } k \neq j \text{ に対して } b_{ik} = 0$$

であることが分かる．したがって，$B^-(\Lambda)$ の行列式を第 $i$ 行で展開すると，

$$\det(B^-(\Lambda)) = \pm(-1)^{i+j}\det(B')$$

となる．ここで，$B'$ は $B^-(\Lambda)$ から第 $i$ 行と第 $j$ 列を除去して得られる行列である．簡単に分かるように，$\Lambda$ から点 $v_i$ と有向辺 $a_j$ を除去して得られる有向木を $\Lambda'$ とすると，

## 5.3 接続行列の階数

$$B' = B^-(\Lambda')$$

である．したがって，$\Lambda'$ の点数は $k$ であるので，帰納法の仮定から，

$$\det(B') = \det\bigl(B^-(\Lambda')\bigr) = \pm 1$$

である．したがって，

$$\det\bigl(B^-(\Lambda)\bigr) = \pm 1$$

を得る． ■

定理 4.5 と定理 5.1 から，$n$ 点から成る弱連結な有向グラフ $\Gamma$ の接続行列は $n-1$ 次の正則部分行列を含んでいることが分かるので，以下の系を得る．

> **系 5.1**
> $\Gamma$ が $n$ 点から成る弱連結な有向グラフならば，$B(\Gamma)$ の階数は $n-1$ 以上である．

補題 5.5 と系 5.1 から以下の定理を得る．

> **定理 5.2**
> $n$ 点から成る弱連結な有向グラフの接続行列の階数は $n-1$ である．

# 5章の問題

☐ **1** 以下の接続行列 $B(G)$ で表されるグラフ $G$ を図示せよ．

$$B(G) = \begin{bmatrix} 1 & 1 & 0 & 0 & 0 & 0 \\ 1 & 0 & 1 & 1 & 0 & 0 \\ 0 & 0 & 1 & 0 & 1 & 0 \\ 0 & 1 & 0 & 0 & 1 & 1 \\ 0 & 0 & 0 & 1 & 0 & 1 \end{bmatrix}$$

☐ **2** 以下の接続行列 $B(\Gamma)$ で表される有向グラフ $\Gamma$ を図示せよ．

$$B(\Gamma) = \begin{bmatrix} 1 & 1 & 0 & 0 & 0 & 0 \\ -1 & 0 & 1 & 1 & 0 & 0 \\ 0 & 0 & -1 & 0 & -1 & 0 \\ 0 & -1 & 0 & 0 & 1 & -1 \\ 0 & 0 & 0 & -1 & 0 & 1 \end{bmatrix}$$

☐ **3** 定理 5.2 はグラフに対しても成り立つことを示せ．すなわち，

「$n$ 点から成る連結なグラフの接続行列の階数は $n-1$ である」

ことを示せ．ただし，グラフの接続行列は有限体 GF(2) 上の行列であるものとする．すなわち，集合 $\{0,1\}$ の上で加法は $i+j \pmod 2$，乗法は $i \times j \pmod 2$ で定義されているものとする（以下の演算表を参照）．

| + | 0 | 1 |
|---|---|---|
| 0 | 0 | 1 |
| 1 | 1 | 0 |

| × | 0 | 1 |
|---|---|---|
| 0 | 0 | 0 |
| 1 | 0 | 1 |

# 第6章

# 独立集合と2部グラフ

この章では，2部グラフを紹介する．2部グラフを特徴付ける定理 6.2 は König の 1916 年の論文 [17] に示されている．また，定理 6.3, 定理 6.4 及び定理 6.5 は，それぞれ König の 1931 年の論文 [18], Berge の 1957 年の論文 [1] 及び Gallai の 1959 年の論文 [12] に示されている．

6.1 独立集合と被覆
6.2 2部グラフ
6.3 マッチング
6.4 辺被覆

## 6.1 独立集合と被覆

グラフ $G$ の点集合 $V(G)$ の部分集合 $S$ に隣接する点対が存在しないとき，$S$ を $G$ の**独立集合**と言う．点数が最大の独立集合を**最大独立集合**と言い，その点数を $G$ の**独立数**と言う．$G$ の独立数を

$$\alpha(G)$$

と記す．図 6.1 に示すグラフにおいて，

$$\{1, 5\}$$

は独立集合である．簡単に分かるように，これは最大独立集合であるので，このグラフの独立数は 2 である．

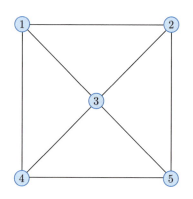

図 6.1　グラフ

グラフ $G$ の点集合 $V(G)$ の部分集合 $K$ は，任意の辺 $(u, v) \in E(G)$ に対して

$$\{u, v\} \cap K \neq \emptyset$$

であるとき，$G$ の**被覆**と言う．点数が最小の被覆を**最小被覆**と言い，その点数を $G$ の**被覆数**と言う．$G$ の被覆数を

$$\beta(G)$$

と記す．図 6.1 に示すグラフにおいて，

$$\{2, 3, 4\}$$

は被覆である．簡単に分かるように，これは最小被覆であるので，このグラフの被覆数は 3 である．以下の定理に示すように，独立集合と被覆は互いに補集合の関係にある．

> **定理 6.1**
> $S \subseteq V(G)$ がグラフ $G$ の独立集合であるための必要十分条件は，$V(G) - S$ が $G$ の被覆であることである．

**【証明】** $S$ が $G$ の独立集合であるとき，$G$ の任意の辺の少なくとも一方の端点は $V(G) - S$ に属すので，$V(G) - S$ は $G$ の被覆である．

逆に $V(G) - S$ が $G$ の被覆であるとき，両端点が $S$ に属す $G$ の辺は存在しないので，$S$ は $G$ の独立集合である． ∎

$S$ が $G$ の最大独立集合であるとき $V(G) - S$ は $G$ の最小被覆であるから，直ちに以下の系を得る．

> **系 6.1**
> 任意のグラフ $G$ に対して，
> $$\alpha(G) + \beta(G) = |V(G)|$$
> である．

## 6.2 2部グラフ

グラフ $G$ の点集合 $V(G)$ が二つの独立集合 $X$ と $Y$ に分割できるとき，$G$ を **2部グラフ**と言う．また，

$$(X, Y)$$

を $G$ の **2分割**と言う．図 6.2 に示すグラフは 2 部グラフであり，

$$(\{1, 4, 5\}, \{2, 3, 6\})$$

が 2 分割である．2 部グラフは，図 6.3 に示すように，2 分割の二つの独立集合を分離して図示すると見やすい．これらの二つの 2 部グラフが同型であることは簡単に確かめられるであろう．

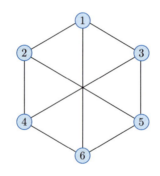

図 6.2　2 部グラフ

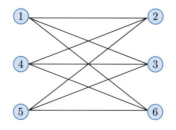

図 6.3　図 6.2 の 2 部グラフと同型な 2 部グラフ

## 6.2 2部グラフ

2分割が $(X, Y)$ である2部グラフ $G$ は，$X$ の任意の点と $Y$ の任意の点が辺で結ばれているとき，**完全2部グラフ**であると言う．完全2部グラフ $G$ は，$|X| = m, |Y| = n$ であるとき，

$$K_{m,n}$$

と表す．図 6.4 に完全2部グラフの例を示す．

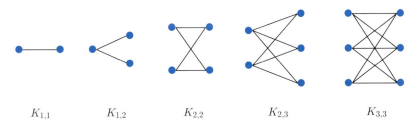

図 6.4 完全2部グラフ

さて，2部グラフの初等的閉路による特徴付けを紹介しよう．

---
**定理 6.2**

グラフ $G$ が2部グラフであるための必要十分条件は，$G$ に長さが奇数の初等的閉路が存在しないことである．

---

【証明】 $G$ を2部グラフとし，

$$(X, Y)$$

をその2分割とする．このとき，$G$ の任意の初等的閉路は $X$ の点と $Y$ の点を交互に通るので，その長さは偶数であることが分かる．

逆に，$G$ は長さが奇数の初等的閉路が存在しないグラフであるとする．一般性を失うことなく $G$ は連結であると仮定する．$G$ の任意の点 $v_0$ を選び，$v_0$ からの最短路の長さが偶数である $G$ の点の集合を $W$，$v_0$ からの最短路の長さが奇数である $G$ の点の集合を $Z$ とする．このとき，

$$(W, Z)$$

は $V(G)$ の分割である．

$W$ が $G$ の独立集合であることを示そう．$W$ の任意の異なる2点を $u_k$ と $v_l$ とする．$v_0$ と $u_k$ を結ぶ最短路が

$$P = ((v_0, u_1), (u_1, u_2), \ldots, (u_{k-1}, u_k))$$

であり，$v_0$ と $v_l$ を結ぶ最短路が

$$P' = ((v_0, v_1), (v_1, v_2), \ldots, (v_{l-1}, v_l))$$

であるとしよう．$W$ の定義から，$k$ と $l$ は偶数である．$P$ と $P'$ が最後に共有する点を $u_i = v_i$ としよう．ここで，$P$ と $P'$ は最短路であるから $u$ と $v$ の添え字が一致していることに注意しよう．$P$ と $P'$ の長さは偶数であるから，初等的路：

$$((u_i = v_i, u_{i+1}), (u_{i+1}, u_{i+2}), \ldots, (u_{k-1}, u_k))$$

の長さと初等的路：

$$((u_i = v_i, v_{i+1}), (v_{i+1}, v_{i+2}), \ldots, (v_{l-1}, v_l))$$

の長さの偶奇は同じであることが分かる．したがって，この二つの路を結合して得られる $u_k$ と $v_l$ を結ぶ初等的路：

$$Q = ((u_k, u_{k-1}), (u_{k-1}, u_{k-2}), \ldots, (u_{i+1}, u_i = v_i),$$
$$(u_i = v_i, v_{i+1}), (v_{i+1}, v_{i+2}), \ldots, (v_{l-1}, v_l))$$

の長さは偶数である．$u_k$ と $v_l$ が隣接するならば，路 $Q$ に辺 $(u_k, v_l)$ を付加して得られる初等的閉路の長さは奇数となり，$G$ には長さが奇数の初等的閉路が存在しないことに反する．したがって，$W$ の異なる2点は隣接しないので，$W$ は $G$ の独立集合であることが分かる．

同じようにして $Z$ も $G$ の独立集合であることを示せるので，

$$(W, Z)$$

は $G$ の2分割であり，したがって $G$ が2部グラフであることが分かる．■

## 6.3 マッチング

グラフ $G$ の辺集合 $E(G)$ の部分集合 $M$ に端点を共有する辺対が存在しないとき，$M$ を $G$ の**マッチング**と言う．辺数が最大のマッチングを**最大マッチング**と言い，その辺数を $G$ の**マッチング数**と言う．$G$ のマッチング数を

$$\alpha'(G)$$

と記す．図 6.5 に示すグラフにおいて，

$$\{(1,2),(4,5)\}$$

は最大マッチングであるから，このグラフのマッチング数は 2 である．グラフ $G$ のマッチングの任意の辺の少なくとも一方の端点は $G$ の被覆に含まれなければならないので，以下の補題を得る．

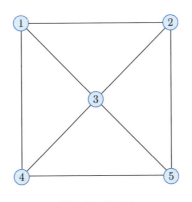

図 6.5　グラフ

---
**補題 6.1**

任意のグラフ $G$ に対して

$$\alpha'(G) \leq \beta(G)$$

である．

---

図 6.5 に示すグラフのマッチング数は 2 で被覆数は 3 であるから，このグラフに対しては補題 6.1 の等号は成り立たないことに注意しよう．

以下では，$G$ が 2 部グラフであるときには補題 6.1 の等号が成り立つことを示そう．$G$ を 2 部グラフとし，

$(X, Y)$

を $G$ の 2 分割とする．$M$ を $G$ のマッチングとし，

$$\partial(M) = \bigcup_{(x,y) \in M} \{x, y\}$$

を $M$ の辺の端点の集合とする．$X - \partial(M)$ の任意の点から $E(G) - M$ の辺と $M$ の辺を交互に通る初等的路を $M$ に対する**交互路**と言う．$M$ に対する交互路は，$Y - \partial(M)$ の点で終わるとき，$M$ に対する**増加路**と言う．

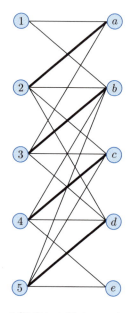

図 6.6　2 部グラフ $H$ のマッチング $M_1$

例えば，図 6.6 に示す 2 部グラフ $H$ の太線で示されたマッチング：

$$M_1 = \{(2, a), (3, b), (4, c), (5, d)\}$$

に対して，

$$Q = \bigl((1, a), (a, 2), (2, c), (c, 4), (4, e)\bigr)$$

は増加路である．$G$ に $M$ に対する増加路 $P$ が存在するとき，$E(P)$ を $P$ に含まれる辺の集合とすると，

$$M \oplus E(P)$$

は $G$ のマッチングであり，しかも
$$|M \oplus E(P)| > |M|$$
であるから，$M$ は $G$ の最大マッチングではないことが分かる．例えば，図 6.6 の 2 部グラフ $H$ のマッチング：
$$M_1 = \{(2,a), (3,b), (4,c), (5,d)\}$$
とそれに対する増加路：
$$Q = ((1,a), (a,2), (2,c), (c,4), (4,e))$$
の場合には，
$$M_2 = M_1 \oplus E(Q) = \{(1,a), (2,c), (3,b), (4,e), (5,d)\}$$
は図 6.7 に示すように $M_1$ より辺数が多いマッチングである．

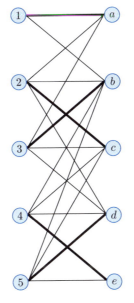

図 6.7　2 部グラフ $H$ のマッチング $M_2$

したがって，以下の補題を得る．

---
**補題 6.2**

2 部グラフの最大マッチングに対する増加路は存在しない．

---

> **定理 6.3**
>
> グラフ $G$ が 2 部グラフであるとき，
> $$\alpha'(G) = \beta(G)$$
> である．

【証明】 $M$ を $G$ の最大マッチングとする．このとき，
$$|M| = \alpha'(G)$$
である．$M$ に対する交互路に含まれる $Y$ の点の集合を $D$ とする．また，$M$ に対する交互路に含まれない $X$ の点の集合を $C$ とする．$C, D$ の定義と補題 6.2 より $M$ に対する増加路が存在しないことから，
$$C, D \subseteq \partial(M),$$
$$C \cap D = \emptyset,$$
$$|C \cup D| = |M|$$
であることに注意しよう．点 $x \in X - C$ と $y \in Y - D$ を結ぶ辺 $(x, y)$ が存在したとすると，$y$ は $M$ に対する交互路に含まれることになるので，$D$ の定義に反する．したがって，$X - C$ の点と $Y - D$ の点を結ぶ辺は存在しないので，
$$C \cup D$$
は $G$ の被覆である．さらに，$|C \cup D| = |M|$ であるので，補題 6.1 から $C \cup D$ は最小被覆であり，
$$|C \cup D| = \beta(G)$$
である．以上のことから，
$$\alpha'(G) = \beta(G)$$
を得る． ■

　増加路は 2 部グラフとは限らない一般のグラフ $G$ にも定義できる．$M$ を $G$ のマッチングとしたとき，$V(G) - \partial(M)$ の任意の点を始点として $E(G) - M$ の辺と $M$ の辺を交互に通る初等的路を $M$ に対する**交互路**と言う．$M$ に対する交互路は，$V(G) - \partial(M)$ の始点とは異なる点が終点であるとき，$M$ に対する**増加路**と言う．次の定理は $G$ の最大マッチングを増加路を用いて特徴付けている．

## 6.3 マッチング

> **定理 6.4**
>
> グラフ $G$ のマッチング $M$ が最大マッチングであるための必要十分条件は，$G$ に $M$ に対する増加路が存在しないことである．

> **例題 6.1**
>
> 定理 6.4 を証明せよ．

【解答】 $G$ に $M$ に対する増加路 $P$ が存在するとき，$E(P)$ を $P$ に含まれる辺の集合とすると，
$$M \oplus E(P)$$
は $G$ のマッチングであり，しかも
$$|M \oplus E(P)| > |M|$$
であるから，$M$ は $G$ の最大マッチングではないことが分かる．

逆に，$M$ が $G$ の最大マッチングではないとき，$G$ には最大マッチング $M^*$ が存在する．$M \oplus M^*$ の辺集合とそれらの端点の集合から成る $G$ の部分グラフの連結成分は初等的路か初等的閉路である．初等的閉路は $M - M^*$ の辺と $M^* - M$ の辺を交互に通るので，$M - M^*$ の辺の数と $M^* - M$ の辺の数は同じであり，この初等的閉路の長さは偶数である．$M$ と $M^*$ の定義から，
$$|M| < |M^*|$$
であるので，最初の辺と最後の辺が $M^* - M$ に属すような初等的路が存在するが，これは $M$ に対する増加路である． ∎

## 6.4 辺被覆

グラフ $G$ の辺の集合 $L \subseteq E(G)$ は，$G$ の任意の点が $L$ の辺の端点であるとき，$G$ の**辺被覆**であると言う．辺数が最小の辺被覆を**最小辺被覆**と言い，その辺数を $G$ の**辺被覆数**と言う．$G$ の辺被覆数を

$$\beta'(G)$$

と記す．図 6.8 に示すグラフにおいて，

$$\{(1,2),(1,3),(4,5)\}$$

は辺被覆である．簡単に分かるように，これは最小辺被覆であるので，このグラフの辺被覆数は 3 である．

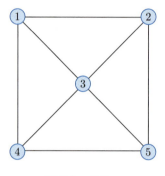

図 6.8　グラフ

グラフ $G$ の独立集合の各点には $G$ の辺被覆の異なる辺が接続しなければならないので，以下の補題を得る．

---
**補題 6.3**

任意のグラフ $G$ に対して
$$\alpha(G) \leq \beta'(G)$$
である．

---

図 6.8 に示すグラフの独立数は 2 で辺被覆数は 3 であるから，このグラフに対しては補題 6.3 の等号は成り立たないことに注意しよう．

以下では，$G$ が 2 部グラフであるときには補題 6.3 の等号が成り立つことを

## 6.4 辺被覆

示そう．独立集合は互いに隣接しない点の集合であり，マッチングは互いに隣接しない辺の集合であるので，独立集合とマッチングは類似した概念であることに注意しよう．同様に，被覆と辺被覆も類似した概念である．系 6.1 は自明であるが，マッチング数と辺被覆数に対しても非自明な以下の類似定理が成立する．

> **定理 6.5**
>
> 2 点以上から成る連結グラフ $G$ に対して，
> $$\alpha'(G) + \beta'(G) = |V(G)|$$
> である．

【証明】 $M$ を $G$ の最大マッチングとし，
$$U = V(G) - \partial(M)$$
とする．このとき，$U$ の各点に接続する $|U|$ 本の辺の集合 $S$ が存在する．明らかに
$$M \cup S$$
は $G$ の辺被覆であるので，
$$\beta'(G) \leq |M \cup S| = \alpha'(G) + (|V(G)| - 2\alpha'(G)) = |V(G)| - \alpha'(G)$$
である．したがって，
$$\alpha'(G) + \beta'(G) \leq |V(G)|$$
を得る．

$L$ を $G$ の最小辺被覆とし，辺の集合 $L$ と $L$ の辺の端点の集合から成る $G$ の部分グラフを $H$ とする．$L$ は $G$ の最小辺被覆であるから，
$$V(H) = V(G)$$
であることに注意しよう．$M$ を $H$ の最大マッチングとし，
$$U = V(H) - \partial(M)$$
とする．このとき，$M$ は $H$ の最大マッチングであるので，$U$ の点対を結ぶ $H$ の辺は存在しない．したがって，
$$|L| - |M| = |L - M| \geq |U| - |V(H)| \quad 2|M|$$
である．$V(H) = V(G)$ であるから，
$$|L| + |M| \geq |V(G)|$$
を得る．$H$ は $G$ の部分グラフであるので，$M$ は $G$ のマッチングでもある．したがって，

であるから，
$$\alpha'(G) \geq |M|, \quad \beta'(G) = |L|$$
であるから，
$$\alpha'(G) + \beta'(G) \geq |M| + |L| \geq |V(G)|$$
を得る．ゆえに
$$\alpha'(G) + \beta'(G) = |V(G)|$$
である． ■

> **系 6.2**
> 
> グラフ $G$ が 2 点以上から成る連結な 2 部グラフであるとき，
> $$\alpha(G) = \beta'(G)$$
> である．

【証明】 系 6.1 と定理 6.5 から，
$$\alpha(G) + \beta(G) = \alpha'(G) + \beta'(G)$$
を得る．定理 6.3 から，グラフ $G$ が 2 部グラフであるとき，
$$\alpha'(G) = \beta(G)$$
であるから，
$$\alpha(G) = \beta'(G)$$
を得る． ■

## 6 章の問題

☐ **1** $K_{m,n}$ はオイラーグラフか．

☐ **2** $K_{m,n}$ はハミルトングラフか．

☐ **3** 木は 2 部グラフであることを示せ．

☐ **4** $\alpha'(G) = \beta(G)$ である 2 部グラフではないグラフ $G$ を一つ示せ．

☐ **5** $\alpha(G) = \beta'(G)$ である 2 部グラフではないグラフ $G$ を一つ示せ．

# 第7章

# グラフの彩色

この章では，グラフの点の彩色と辺の彩色を紹介する．グラフの彩色の歴史は古く，1852 年に De Morgan が Hamilton に送った，有名な四色問題に関する手紙が最初の文献であると言われている．本章で紹介する定理 7.4, 定理 7.6 及び定理 7.7 は，それぞれ Brooks の 1941 年の論文 [5], König の 1931 年の論文 [18] 及び Vizig の 1964 年の論文 [30] に示されている．

> 7.1 グラフの彩色
> 7.2 グラフの辺彩色

## 7.1 グラフの彩色

グラフ $G$ に対して，写像：
$$f: V(G) \to \{1, 2, \ldots, k\}$$
は，
$$(u, v) \in E(G) \Rightarrow f(u) \neq f(v)$$
であるとき，$G$ の **$k$ 彩色**であると言う．すなわち，$G$ の $k$ 彩色は，隣接する点対は異なる色になるような $k$ 色を用いた点の彩色である．$G$ の $k$ 彩色が存在するとき，$G$ は **$k$ 彩色可能**であると言う．$G$ が $k$ 彩色可能である最小の $k$ を $G$ の**彩色数**と言い，
$$\chi(G)$$
と記す．完全グラフの任意の異なる 2 点は辺で結ばれているので，以下の定理を得る．

> **定理 7.1**
> $\chi(K_n) = n.$

図 7.1 にはグラフの 3 彩色が示されている．このグラフは，$K_3$ を部分グラフとして含んでいるので，2 彩色不可能である．したがって，このグラフの彩色数は 3 であることが分かる．

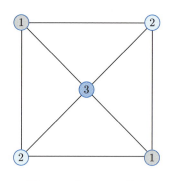

図 7.1　グラフの 3 彩色

グラフ $G$ の $k$ 彩色：
$$f: V(G) \to \{1, 2, \ldots, k\}$$
に対して，点集合：
$$V_i = \{v \mid v \in V(G), f(v) = i\}$$
は $G$ の独立集合である．したがって，グラフ $G$ の $k$ 彩色は，$V(G)$ の独立集合への分割：
$$(V_1, V_2, \ldots, V_k)$$
と同じであることに注意しよう．このことから，以下の定理を得る．

**定理 7.2**
$\chi(G) \leq 2$ であるための必要十分条件は，$G$ が 2 部グラフであることである．

ここで，$\chi(G) = 1$ であるための必要十分条件は，$E(G) = \emptyset$ であることに注意しよう．

グラフ $G$ の点の最大次数を $\Delta(G)$ とする．

**定理 7.3**
任意のグラフ $G$ に対して，
$$\chi(G) \leq \Delta(G) + 1$$
である．

**【証明】** 任意のグラフ $G$ は $\Delta(G) + 1$ 彩色可能であることを $G$ の点数に関する数学的帰納法によって証明する．$G$ が 1 点だけから成るグラフのとき，$\Delta(G) = 0$ であり，$\chi(G) = 1$ であるから，定理が成立する．

$n$ 点から成る任意のグラフに対しては定理が成立すると仮定して，$G$ を $n+1$ 点から成る任意のグラフとする．$G$ から任意の点 $v$ と $v$ に接続する辺をすべて除去して得られるグラフを $G'$ とする．$G'$ の点数は $n$ であるから，帰納法の仮定より，$G'$ は $\Delta(G') + 1$ 彩色可能である．また，
$$\Delta(G') \leq \Delta(G)$$
であるから，$G'$ は $\Delta(G) + 1$ 彩色可能である．
$$f': V(G') \to \{1, 2, \ldots, \Delta(G) + 1\}$$
を $G'$ の任意の $\Delta(G) + 1$ 彩色とする．任意の点

$$u \in V(G) - \{v\}$$

に対して

$$f(u) = f'(u)$$

と定義して，$v$ のいずれの隣接点 $w$ の $f'(w)$ とも異なる色を $f(v)$ として定義すれば，

$$f\colon V(G) \to \{1, 2, \ldots, \Delta(G) + 1\}$$

は $G$ の $\Delta(G) + 1$ 彩色である．

■ **例題 7.1**

図 7.2 のグラフの彩色数を示せ．

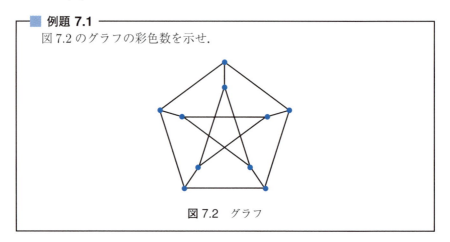

図 7.2　グラフ

【証明】　図 7.3 に示すようにこのグラフは 3 彩色可能である．このグラフは 2 部グラフではないので，定理 7.2 からこのグラフの彩色数は 3 であることが分かる．

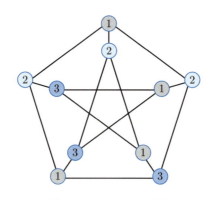

図 7.3　グラフの 3 彩色

定理 7.3 の上界は最適である．定理 7.1 から分かるように，
$$\chi(K_n) = n = \Delta(K_n) + 1$$
である．$C_n$ を長さ $n$ の初等的閉路とする．$n$ が偶数のとき，
$$\chi(C_n) = 2 = \Delta(C_n)$$
であるが，$n$ が奇数のとき，
$$\chi(C_n) = 3 = \Delta(C_n) + 1$$
である．実は，以下の定理が知られている．

> **定理 7.4**
> 
> グラフ $G$ が完全グラフでも奇数長の初等的閉路でもないとき，
> $$\chi(G) \leq \Delta(G)$$
> である．

## 7.2 グラフの辺彩色

グラフ $G$ に対して，写像：
$$f\colon E(G) \to \{1, 2, \ldots, k\}$$
は，
$$\partial(e) \cap \partial(e') \neq \emptyset \Rightarrow f(e) \neq f(e')$$
であるとき，$G$ の **$k$ 辺彩色**であると言う．すなわち，$G$ の $k$ 辺彩色は，隣接する辺対は異なる色になるような $k$ 色を用いた辺の彩色である．$G$ の $k$ 辺彩色が存在するとき，$G$ は **$k$ 辺彩色可能**であると言う．$G$ が $k$ 辺彩色可能である最小の $k$ を $G$ の**辺彩色数**と言い，
$$\chi'(G)$$
と記す．隣接する 2 辺は同じ色で彩色されないので，以下の定理を得る．

> **定理 7.5**
> 任意のグラフ $G$ に対して
> $$\chi'(G) \geq \Delta(G)$$
> である．

図 7.4 にはグラフの 4 辺彩色が示されている．このグラフの点の最大次数は 4 であるから，定理 7.5 より，このグラフの辺彩色数は 4 であることが分かる．

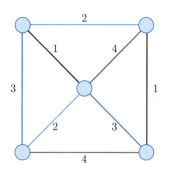

図 7.4　グラフの 4 辺彩色

## 7.2 グラフの辺彩色

グラフ $G$ の $k$ 辺彩色：

$$f: E(G) \to \{1, 2, \ldots, k\}$$

に対して，辺集合：

$$E_i = \{e \mid e \in E(G), f(e) = i\}$$

は $G$ のマッチングである．したがって，グラフ $G$ の $k$ 辺彩色は，$E(G)$ のマッチングへの分割：

$$(E_1, E_2, \ldots, E_k)$$

と同じであることに注意しよう．

簡単に分かるように

$$\chi'(K_3) = 3, \quad \Delta(K_3) = 2$$

であるから，定理 7.5 において等号は一般には成り立たない．以下では，$G$ が 2 部グラフであるときには等号が成り立つことを紹介しよう．

> **定理 7.6**
>
> $G$ が 2 部グラフであるとき
>
> $$\chi'(G) = \Delta(G)$$
>
> である．

【証明】 $G$ の辺数に関する数学的帰納法によって証明する．$G$ が 1 辺だけから成る 2 部グラフのとき，$\chi'(G) = 1 = \Delta(G)$ であるから，定理が成立する．

$m$ 辺から成る任意の 2 部グラフに対しては定理が成立すると仮定して，$G$ を $m+1$ 辺から成る任意の 2 部グラフとする．$G$ から任意の辺 $(u, v)$ を除去して得られる 2 部グラフを $G'$ とする．$G'$ の辺数は $m$ であるから，帰納法の仮定より，$G'$ は $\Delta(G')$ 辺彩色可能である．また，

$$\Delta(G') \le \Delta(G)$$

であるから，$G'$ は $\Delta(G)$ 辺彩色可能である．

$$f': E(G') \to \{1, 2, \ldots, \Delta(G)\}$$

を $G'$ の任意の $\Delta(G)$ 辺彩色とする．$G'$ における点 $u$ と $v$ の次数は $\Delta(G) - 1$ 以下であることに注意しよう．

$G'$ の $\Delta(G)$ 辺彩色 $f'$ において，ある色 $z$ が $u$ に接続する辺の彩色にも $v$ に接続する辺の彩色にも使われていないならば，任意の辺

$$e \in E(G) - \{(u,v)\}$$

に対して

$$f(e) = f'(e)$$

と定義して，

$$f\bigl((u,v)\bigr) = z$$

と定義すれば，

$$f\colon E(G) \to \{1, 2, \ldots, \Delta(G)\}$$

は $G$ の $\Delta(G)$ 辺彩色である．

そのような色 $z$ が存在しないとき，$G'$ の $\Delta(G)$ 辺彩色 $f'$ において $u$ に接続する辺の彩色に使われていない色を $x$ とし，$v$ に接続する辺の彩色に使われていない色を $y$ とする．もちろん $x \neq y$ である．点 $u$ から色 $x$ と $y$ で彩色された辺だけから成る路で到達できるすべての点から成る $G'$ の連結部分グラフを $H$ とする．$G'$ は 2 部グラフであるから，$v \notin V(H)$ であることに注意しよう．任意の $e \in E(H)$ に対して，

$$f'(e) = x \Rightarrow f(e) = y,$$
$$f'(e) = y \Rightarrow f(e) = x$$

とし，任意の $e \in E(G') - E(H)$ に対して，

$$f(e) = f'(e)$$

と定義する．このとき，

$$f\bigl((u,v)\bigr) = y$$

と定義すれば，

$$f\colon E(G) \to \{1, 2, \ldots, \Delta(G)\}$$

は $G$ の $\Delta(G)$ 辺彩色である．■

実は，以下の定理が知られている．

---
**定理 7.7**

任意のグラフ $G$ に対して
$$\Delta(G) \leq \chi'(G) \leq \Delta(G) + 1$$
である．

---

## 例題 7.2

図 7.5 のグラフの辺彩色数を示せ．

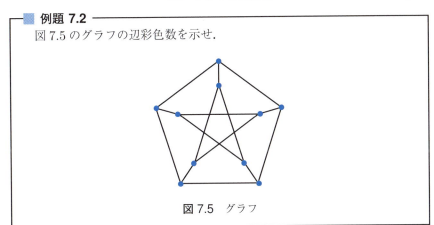

図 7.5 グラフ

【解答】 図 7.6 にこのグラフの 4 辺彩色を示す．このグラフが 3 辺彩色可能であると仮定すると，外側の五角形（長さ 5 の初等的閉路）の辺は 3 色で彩色されている．図 7.7 に示すように外側の五角形の辺 $(u,v)$ が色 $i$ で彩色されているとき，辺 $(u,x)$ と $(v,y)$ は色 $i$ で彩色されていないので，内側の星型の五角形の点 $x$ に接続する辺と点 $y$ に接続する辺の異なる 2 辺が色 $i$ で彩色されていることになる．しかしながら，$1 \leq i \leq 3$ であり，五角形には 5 本の辺しかないので，これは矛盾である．したがって，このグラフは 3 辺彩色不可能であり，このグラフの辺彩色数は 4 であることが分かる．

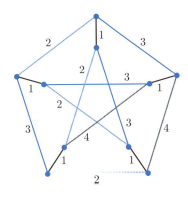

図 7.6 グラフの 4 辺彩色

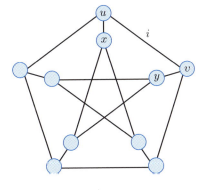

図 7.7 グラフ

## 7章の問題

☐ **1** 図 7.8 の正十二面体グラフの彩色数を示せ.

☐ **2** 図 7.8 の正十二面体グラフの辺彩色数を示せ.

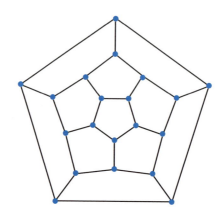

図 7.8　正十二面体グラフ

☐ **3** $\chi'(K_n)$ を示せ.

☐ **4** $\chi'(K_{m,n})$ を示せ.

# 第8章

# 化学工学への応用

　この章では，炭化水素分子とその異性体の数え上げへの応用を紹介する．これは Cayley の 1874 年の論文 [8] に由来する．炭化水素分子の構造は特別な木で表現できて，炭化水素分子の異性体の数を求めることは非同型な表現木の数え上げに帰着する．

8.1　炭化水素分子のグラフ表現
8.2　炭化水素の異性体

## 8.1 炭化水素分子のグラフ表現

分子 M を構成する原子の集合を点集合とし，原子対の化学結合を辺で表現したグラフ $G(M)$ を M のグラフと言う．例えば，メタン分子 $CH_4$ を構成する炭素原子 C の原子価は 4 であり，水素原子 H の原子価は 1 であるから，メタンのグラフ $G(CH_4)$ は図 8.1 のようになる．また，エタン分子 $C_2H_6$ とプロパン分子 $C_3H_8$ のグラフ $G(C_2H_6)$ と $G(C_3H_8)$ を図 8.2 に示す．

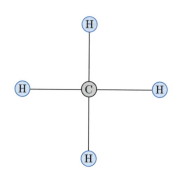

図 8.1 メタンのグラフ

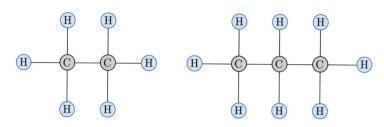

図 8.2 エタンとプロパンのグラフ

一般の炭化水素分子 $C_nH_{2n+2}$ のグラフ $G(C_nH_{2n+2})$ の構造を調べてみよう．分子のグラフは連結であり，炭素原子に対応する点の次数は 4，水素原子に対応する点の次数は 1 であるから，以下の補題を得る．

## 8.1 炭化水素分子のグラフ表現

**補題 8.1**

$G(C_nH_{2n+2})$ の炭素原子に対応する $n$ 個の点とそれらの点対を結ぶ辺から成る部分グラフ $G[C_n]$ は連結であり，任意の点の次数は 4 以下である．

**定理 8.1**

$G[C_n]$ は木であり，任意の点の次数は 4 以下である．

**【証明】** $G[C_n]$ に多重辺あるいは初等的閉路が存在するとき，定理 4.1 と定理 4.2 から，
$$|E(G[C_n])| \geq n$$
となるので，定理 1.5 から，$G[C_n]$ の点の次数の総和は $2n$ 以上である．したがって，水素原子に対応する $2n+2$ 個の点と辺で結ぶために残されている炭素原子に対応する点の次数は $4n - 2n = 2n$ 以下であり，足りないことが分かる．以上のことから，$G[C_n]$ には多重辺も初等的閉路も存在しない．このことと補題 8.1 から $G[C_n]$ は木であり，任意の点の次数は 4 以下であることが分かる． ■

直ちに以下の系を得る．

**系 8.1**

$G(C_nH_{2n+2})$ は木である．

## 8.2 炭化水素の異性体

$G(C_nH_{2n+2})$ は一意的であるとは限らないことに注意しよう．実際，図 8.3 に示すようにブタン $C_4H_{10}$ には非同型な木による表現が二つ存在する．これら二つの分子構造は互いに**異性体**であると言う．分子の異性体をすべて数え上げる，あるいは列挙することは化学工学の基本的な問題の一つである．前節の定理 8.1 と系 8.1 から，$C_nH_{2n+2}$ の異性体の数 $A_n$ は非同型な木 $G[C_n]$ の数と同じであることが分かる．すなわち，$A_n$ を求めるためには，任意の点の次数が 4 以下である $n$ 点から成る非同型な木を数え上げればよい．

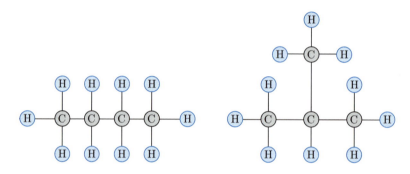

図 8.3 ブタンの異性体

実は，$A_n$ を $x^n$ の係数とする形式的な冪級数（母関数と呼ばれる）：

$$a(x) = \sum_{n=0}^{\infty} A_n x^n$$
$$= 1 + x + x^2 + x^3 + 2x^4 + 3x^5 + 5x^6 + \cdots$$

が知られている．ただし，$A_0 = 1$ とする．いくつかの $n$ に対する $A_n$ の値を表 8.1 に示す．$n$ が少し大きくなると $A_n$ が爆発的に大きくなることが分かるであろう．

表 8.1 異性体の数

| $n$ | $A_n$ |
|---|---|
| 1 | 1 |
| 2 | 1 |
| 3 | 1 |
| 4 | 2 |
| 5 | 3 |
| 6 | 5 |
| 7 | 9 |
| 8 | 18 |
| 9 | 35 |
| 10 | 75 |
| 20 | 366319 |
| 30 | 4111846763 |
| 40 | 62481801147341 |

### ■ 例題 8.1

ペンタン $C_5H_{12}$ の三つの異性体の木を示せ.

【解答】 図 8.4 に示す通りである.

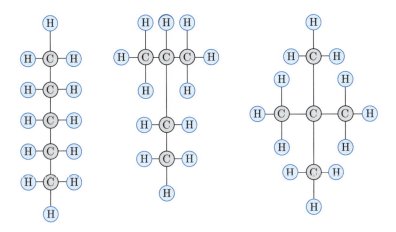

図 8.4　ペンタンの異性体

## 8章の問題

□ **1**　ヘキサン $C_6H_{14}$ の五つの異性体の木を示せ.

# 第9章

# 電気工学への応用

この章では，電気回路解析への応用を紹介する．これは Kirchhoff の 1845 年と 1847 年の論文 [15, 16] に由来する．Kirchhoff は論文 [15] でキルヒホッフの電流則と電圧則を示し，これらの法則とオームの法則を用いて回路解析を行うために必要かつ十分な線形方程式系を論文 [16] で与えている．

9.1 電気回路解析
9.2 有向グラフの閉路行列
9.3 電気回路解析の手順

## 9.1 電気回路解析

電気回路解析とは，すべての構成素子上の電圧やそこを流れる電流の値を調べることである．ここでは，電気回路解析にグラフ理論が応用されていることを直流抵抗回路を例にして紹介する．直流抵抗回路 $N$ の各素子を流れる電流の向きを任意に決めて各素子を有向辺で表現すると $N$ に付随する有向グラフ $\Gamma(N)$ が得られる．例えば，図 9.1 に示す直流抵抗回路 $N$ に付随する有向グラフは図 9.2 に示すように得られる．ここで，電源を流れる電流が $I_0$ であり，抵抗 $R_j$ を流れる電流が $I_j$ である．$I_j$ が流れる向きが有向辺で示されている．$I_j$ が正のときには $I_j$ は有向辺の向きに流れ，$I_j$ が負のときには $I_j$ は有向辺とは反対の向きに流れる．$\Gamma(N)$ は弱連結であることに注意しよう．$\Gamma(N)$ の有向部分グラフは，その基礎グラフが初等的閉路であるとき，閉路と呼ぶ．例えば図 9.2 の有向グラフにおいて，有向辺集合:

$$\{(4,1),(1,3),(3,4)\}$$

から成る初等的有向閉路は閉路である．また，有向辺集合:

$$\{(1,2),(1,3),(2,3)\}$$

から成る有向部分グラフは有向閉路ではないが，その基礎グラフが初等的閉路であるので，これも閉路である．

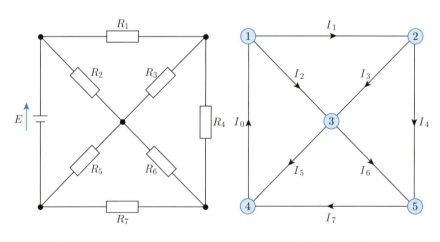

図 9.1　直流抵抗回路 $N$　　　図 9.2　有向グラフ $\Gamma(N)$

## 9.1 電気回路解析

電気回路解析は以下の三つの法則を用いて行われる．

**オームの法則** 抵抗 $R_j$ の両端の電圧は $R_j I_j$ である．
**キルヒホッフの電流則** 任意の点から流出する電流の代数和は零である．
**キルヒホッフの電圧則** 任意の閉路の電源と抵抗の電圧の代数和は零である．

図 9.1 に示す直流抵抗回路にこれらの法則を適用してみよう．まず，キルヒホッフの電流則を点 1 から 5 に適用すると以下の 5 本の方程式を得る．

$$-I_0 + I_1 + I_2 = 0,$$
$$-I_1 + I_3 + I_4 = 0,$$
$$-I_2 - I_3 + I_5 + I_6 = 0,$$
$$I_0 - I_5 - I_7 = 0,$$
$$-I_4 - I_6 + I_7 = 0.$$

また，キルヒホッフの電圧則をすべての閉路に適用すると以下の 13 本の方程式を得る．

$$R_2 I_2 + R_5 I_5 = E,$$
$$R_1 I_1 - R_2 I_2 + R_3 I_3 = 0,$$
$$-R_3 I_3 + R_4 I_4 - R_6 I_6 = 0,$$
$$-R_5 I_5 + R_6 I_6 + R_7 I_7 = 0,$$
$$R_1 I_1 + R_3 I_3 + R_5 I_5 = E,$$
$$R_1 I_1 - R_2 I_2 + R_4 I_4 - R_6 I_6 = 0,$$
$$-R_3 I_3 + R_4 I_4 - R_5 I_5 + R_7 I_7 = 0,$$
$$R_2 I_2 + R_6 I_6 + R_7 I_7 = E,$$
$$R_1 I_1 + R_4 I_4 + R_7 I_7 = E,$$
$$R_1 I_1 - R_2 I_2 + R_4 I_4 - R_5 I_5 + R_7 I_7 = 0,$$
$$R_2 I_2 - R_3 I_3 + R_4 I_4 + R_7 I_7 = E,$$
$$R_1 I_1 + R_3 I_3 + R_6 I_6 + R_7 I_7 = E,$$
$$R_1 I_1 + R_4 I_4 + R_5 I_5 - R_6 I_6 = E.$$

では，これらの方程式のうち独立なものがいくつあるであろうか．キルヒホッフの電流則から得られる最初の5本の方程式は行列を使って以下のように記述できる．

$$\begin{bmatrix} -1 & 1 & 1 & 0 & 0 & 0 & 0 & 0 \\ 0 & -1 & 0 & 1 & 1 & 0 & 0 & 0 \\ 0 & 0 & -1 & -1 & 0 & 1 & 1 & 0 \\ 1 & 0 & 0 & 0 & 0 & -1 & 0 & -1 \\ 0 & 0 & 0 & 0 & -1 & 0 & -1 & 1 \end{bmatrix} \begin{bmatrix} I_0 \\ I_1 \\ I_2 \\ I_3 \\ I_4 \\ I_5 \\ I_6 \\ I_7 \end{bmatrix} = \begin{bmatrix} 0 \\ 0 \\ 0 \\ 0 \\ 0 \end{bmatrix}$$

この係数行列は$\Gamma(N)$の接続行列$B(\Gamma(N))$であるから，定理5.2から階数が4であることが分かる．したがって独立な方程式は4本である．

キルヒホッフの電圧則から得られる13本の方程式は以下のように記述できる．

$$\begin{bmatrix} 1 & 0 & 1 & 0 & 0 & 1 & 0 & 0 \\ 0 & 1 & -1 & 1 & 0 & 0 & 0 & 0 \\ 0 & 0 & 0 & -1 & 1 & 0 & -1 & 0 \\ 0 & 0 & 0 & 0 & 0 & -1 & 1 & 1 \\ 1 & 1 & 0 & 1 & 0 & 1 & 0 & 0 \\ 0 & 1 & -1 & 0 & 1 & 0 & -1 & 0 \\ 0 & 0 & 0 & -1 & 1 & -1 & 0 & 1 \\ 1 & 0 & 1 & 0 & 0 & 0 & 1 & 1 \\ 1 & 1 & 0 & 0 & 1 & 0 & 0 & 1 \\ 0 & 1 & -1 & 0 & 1 & -1 & 0 & 1 \\ 1 & 0 & 1 & -1 & 1 & 0 & 0 & 1 \\ 1 & 1 & 0 & 1 & 0 & 0 & 1 & 1 \\ 1 & 1 & 0 & 0 & 1 & 1 & -1 & 0 \end{bmatrix} \begin{bmatrix} -E \\ R_1 I_1 \\ R_2 I_2 \\ R_3 I_3 \\ R_4 I_4 \\ R_5 I_5 \\ R_6 I_6 \\ R_7 I_7 \end{bmatrix} = \begin{bmatrix} 0 \\ 0 \\ 0 \\ 0 \\ 0 \\ 0 \\ 0 \\ 0 \\ 0 \\ 0 \\ 0 \\ 0 \\ 0 \end{bmatrix}$$

この係数行列$C(\Gamma(N))$の各行は$\Gamma(N)$の閉路に対応しているので，$\Gamma(N)$の閉路行列と呼ばれている．この閉路行列の階数はいくつであろうか．次節では有向グラフの閉路行列の階数を調べる．

## 9.2 有向グラフの閉路行列

有向グラフが閉路であるとき，その閉路に任意に向きを与えることができる．例えば，図 9.3 の閉路の向きは時計方向である．閉路に含まれる有向辺はその向きが閉路の向きと一致しているとき**順向辺**と言い，一致しないとき**逆向辺**と言う．例えば，図 9.3 の閉路の有向辺 $a_1$ は順向辺であり，$a_2$ は逆向辺である．

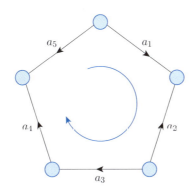

図 9.3　閉路の向き

$\Gamma$ を $n$ 点から成る弱連結な有向グラフとし，その有向辺の集合を
$$A(\Gamma) = \{a_1, a_2, \ldots, a_m\}$$
とする．$\Gamma$ のすべての閉路には任意に向きが与えられているとしよう．$\Gamma$ の**閉路行列** $C(\Gamma) = [c_{ij}]$ は以下のように定義される行列である．$C(\Gamma)$ の列数は $m$ であり，行数は $\Gamma$ に存在する閉路の数と同じである．要素 $c_{ij}$ は以下のように定義される：
$$c_{ij} = \begin{cases} a_j\ が\ i\ 番目の閉路の順向辺であるとき & 1, \\ a_j\ が\ i\ 番目の閉路の逆向辺であるとき & -1, \\ a_j\ が\ i\ 番目の閉路に含まれていないとき & 0. \end{cases}$$

$\Lambda$ を $\Gamma$ の任意の有向全域木とし，
$$A(\Gamma) - A(\Lambda) = \{c_1, c_2, \ldots, c_{m-n+1}\}$$
とする．簡単に分かるように，$\Lambda$ に有向辺 $c_i$ を付加して得られる $\Gamma$ の有向部分グラフには一意的な閉路が存在する．この閉路を $c_i$ が $\Lambda$ に関して決める

基本閉路と言う．この $m-n+1$ 個の基本閉路に対応する $C(\Gamma)$ の部分行列 $C_f$ を $\Lambda$ に関する $\Gamma$ の**基本閉路行列**と言う．一般性を失うことなく，$C_f$ において次の3つを仮定する．

- 第 $i$ 行は有向辺 $c_i$ が有向全域木 $\Lambda$ に関して決める基本閉路に対応している $(1 \leq i \leq m-n+1)$
- 第 $j$ 列は有向辺 $c_j$ に対応している $(1 \leq j \leq m-n+1)$
- $c_i$ が $\Lambda$ に関して決める基本閉路の向きは $c_i$ が順向辺となる向きである

このとき，$C_f$ は
$$C_f = [U | C_\Lambda]$$
のように表現できる．ここで，$U$ は $(m-n+1) \times (m-n+1)$ の単位行列である．また，$C_\Lambda$ の各列は $\Lambda$ の有向辺に対応している．

図 9.2 の有向グラフ $\Gamma(N)$ の有向辺 $(1,3), (2,3), (3,4), (3,5)$ から成る有向全域木 $\Lambda$ に関する基本閉路行列は，

$$\begin{bmatrix} 1 & 0 & 0 & 0 & 1 & 0 & 1 & 0 \\ 0 & 1 & 0 & 0 & -1 & 1 & 0 & 0 \\ 0 & 0 & 1 & 0 & 0 & -1 & 0 & -1 \\ 0 & 0 & 0 & 1 & 0 & 0 & -1 & 1 \end{bmatrix}$$

となる．ここで，第1列から第8列はそれぞれ有向辺：
$$(4,1), (1,2), (2,5), (5,4), (1,3), (2,3), (3,4), (3,5)$$
に対応し，第1行から第4行はそれぞれ有向辺：
$$(4,1), (1,2), (2,5), (5,4)$$
が $\Lambda$ に関して決める基本閉路に対応している．

$C_f$ は単位行列 $U$ を含んでいるので，以下の補題を得る．

---

**補題 9.1**

$C_f$ の階数は $m-n+1$ である．

また，$C_f$ は $C(\Gamma)$ の部分行列であるから以下の補題を得る．

**補題 9.2**
$C(\Gamma)$ の階数は $m-n+1$ 以上である．

さて，$\Gamma$ の閉路 $\Phi$ が点 $v_i$ を通るとき，$\Phi$ の 2 本の有向辺 $a_j, a_k$ が $v_i$ に接続しているとしよう．$a_j$ と $a_k$ が共に $v_i$ の外向辺であるときには，接続行列の $(i,j)$ 要素と $(i,k)$ 要素は共に 1 である．また，$a_j$ と $a_k$ が共に $v_i$ の内向辺であるときには，接続行列の $(i,j)$ 要素と $(i,k)$ 要素は共に $-1$ である．これらのときには，$\Phi$ の向きによらず，$a_j$ と $a_k$ の一方は順向辺であり，他方は逆向辺であることが分かる．$a_j$ と $a_k$ の一方が $v_i$ の外向辺で他方が内向辺であるときには，接続行列の $(i,j)$ 要素と $(i,k)$ 要素の一方は 1 で他方は $-1$ である．このときには，$a_j$ と $a_k$ は共に $\Phi$ の順向辺であるか共に逆向辺であるかのいずれかであることが分かる．以上のことから，閉路行列 $C(\Gamma)$ の $\Phi$ に対応する行ベクトルと接続行列 $B(\Gamma)$ の $v_i$ に対応する行ベクトルは直交することが分かる．したがって，以下の定理を得る．

**定理 9.1**
$C(\Gamma)B(\Gamma)^t = \mathbf{0}$.

定理 5.2 と補題 9.2 から，$B(\Gamma)$ の行ベクトルの集合が張るベクトル空間の次元は $n-1$ であり，$C(\Gamma)$ の行ベクトルの集合が張るベクトル空間の次元は $m-n+1$ 以上である．定理 9.1 から，これらのベクトル空間は $m$ 次元ベクトル空間の直交補空間であるので，$C(\Gamma)$ の行ベクトルの集合が張るベクトル空間の次元は $m-n+1$ であることが分かる．したがって，以下の系を得る．

**系 9.1**
$C(\Gamma)$ の階数は $m-n+1$ である．

キルヒホッフの電流則から得られる $n-1$ 本の独立な方程式とキルヒホッフの電圧則から得られる $m-n+1$ 本の独立な方程式から成る $(n-1)+(m-n+1)=m$ 本の方程式は定理 9.1 から独立であることに注意しよう．

## 9.3 電気回路解析の手順

電気回路 $N$ の解析手順は以下のようになる.

> (1) 付随する有向グラフ $\Gamma(N)$ を任意に一つ求める. $m$ と $n$ を $\Gamma(N)$ の有向辺の数と点の数とする.
> (2) 任意の $n-1$ 個の点にキルヒホッフの電流則を適用して $n-1$ 本の方程式を導く.
> (3) $\Gamma(N)$ の有向全域木 $\Lambda$ を任意に一つ求める.
> (4) $\Lambda$ に関する $m-n+1$ 個の基本閉路にキルヒホッフの電圧則を適用して $m-n+1$ 本の方程式を導く.
> (5) (2) と (4) から得られる $m$ 元連立方程式を解いて $m$ 個の未知数 $I_0, I_1, \ldots, I_{m-1}$ を求める.

> **例題 9.1**
> 図 9.1 に示す直流抵抗回路 $N$ において, $E = 8\,\mathrm{V}$, すべての $i$ に対して $R_i = 1\,\Omega$ であるとき, 電流 $I_0, I_1, \ldots, I_7$ を求めよ.

【解答】 図 9.2 に示す付随する有向グラフ $\Gamma(N)$ の点 1 から 4 に関するキルヒホッフの電流則から

$$\begin{bmatrix} -1 & 1 & 1 & 0 & 0 & 0 & 0 & 0 \\ 0 & -1 & 0 & 1 & 1 & 0 & 0 & 0 \\ 0 & 0 & -1 & -1 & 0 & 1 & 1 & 0 \\ 1 & 0 & 0 & 0 & 0 & -1 & 0 & -1 \end{bmatrix} \begin{bmatrix} I_0 \\ I_1 \\ I_2 \\ I_3 \\ I_4 \\ I_5 \\ I_6 \\ I_7 \end{bmatrix} = \begin{bmatrix} 0 \\ 0 \\ 0 \\ 0 \end{bmatrix}$$

を得る. また, $\Gamma(N)$ の有向辺 $(1,3), (2,3), (3,4), (3,5)$ から成る全域有向木に関して有向辺 $(4,1), (1,2), (2,5), (5,4)$ が決める基本閉路に関するキルフホッフの電圧則から

$$\begin{bmatrix} 1 & 0 & 0 & 0 & 1 & 0 & 1 & 0 \\ 0 & 1 & 0 & 0 & -1 & 1 & 0 & 0 \\ 0 & 0 & 1 & 0 & 0 & -1 & 0 & -1 \\ 0 & 0 & 0 & 1 & 0 & 0 & -1 & 1 \end{bmatrix} \begin{bmatrix} -8 \\ I_1 \\ I_4 \\ I_7 \\ I_2 \\ I_3 \\ I_5 \\ I_6 \end{bmatrix} = \begin{bmatrix} 0 \\ 0 \\ 0 \\ 0 \end{bmatrix}$$

を得る．上の 8 元連立方程式を解くと，

$$I_0 = 7\,\text{A}, \quad I_1 = 3\,\text{A}, \quad I_2 = 4\,\text{A}, \quad I_3 = 1\,\text{A},$$
$$I_4 = 2\,\text{A}, \quad I_5 = 4\,\text{A}, \quad I_6 = 1\,\text{A}, \quad I_7 = 3\,\text{A}$$

を得る． ■

# 9 章の問題

□**1** $G$ を $n$ 点から成る連結なグラフとし，その辺集合を

$$E(G) = \{e_1, e_2, \ldots, e_m\}$$

とする．$G$ の**閉路行列** $C(G) = [c_{ij}]$ は以下のように定義される行列である．$C(G)$ の列数は $m$ であり，行数は $G$ に存在する初等的閉路の数と同じである．要素 $c_{ij}$ は

$$c_{ij} = \begin{cases} e_j \text{ が } i \text{ 番目の初等的閉路に含まれているとき} & 1, \\ e_j \text{ が } i \text{ 番目の初等的閉路に含まれていないとき} & 0 \end{cases}$$

のように定義される．閉路行列は同じであるが，同型ではないグラフの対を示せ．

# 第10章

# 通信工学への応用

この章では，誤りなし通信路容量への応用を紹介する．これはShannonの1956年の論文[28]に由来する．本章で紹介する定理10.7はLovászの1979年の論文[20]に示されている．

10.1 誤りなし通信路容量
10.2 グラフのシャノン容量

# 第10章 通信工学への応用

## 10.1 誤りなし通信路容量

雑音のある通信路を通してできるだけ沢山の通報を誤りなく伝送する問題を考えよう．例えば，五つの数字 0, 1, 2, 3, 4 の中の任意の一つ $i$ を信号としてこの通信路を通して伝送したとき，受け取る信号は

$$i + \varepsilon \pmod 5$$

であるものとする．ここで，$-1 < \varepsilon < 1$ である．信号1を送信すると受信信号は $1 + \varepsilon$ であり，信号2を送信すると受信信号は $2 + \varepsilon'$ であるが，

$$0 < 1 + \varepsilon < 2,$$
$$1 < 2 + \varepsilon' < 3$$

であるから，受信信号から誤りなく信号1と2を区別することができない．一方，信号3を送信すると受信信号は $3 + \varepsilon''$ であるが，

$$2 < 3 + \varepsilon'' < 4$$

であるから，受信信号から誤りなく信号1と3を区別することができる．ただし，$0 < \delta < 1$ に対して，

$$0 - \delta \pmod 5 = 5 - \delta \pmod 5$$
$$= 4 + (1 - \delta) \pmod 5$$

であるから，受信信号から誤りなく信号0と4を区別することもできないことに注意しよう．したがって，信号 $i$ と $i+1 \pmod 5$ を受信信号から区別できないので，一つの信号で伝送できる通報の最大数は2（例えば，信号1と3）であることが分かる．これらの2個の通報が等確率で生起するときの情報量：

$$\log_2 2 = 1 \text{ビット}$$

が一つの信号当たりこの通信路を通して誤りなく伝送できる最大の情報量である．

それでは，二つの信号で誤りなく伝送できる通報の最大数はいくつであろうか．もちろん，11, 13, 31, 33 を用いれば4個の通報を誤りなく伝送できるが，実は，11, 23, 30, 42, 04 を用いれば最大5個の通報を誤りなく伝送できる．こ

## 10.1 誤りなし通信路容量

れらの 5 個の通報が等確率で生起するときの情報量：

$$\log_2 5 \text{ ビット}$$

がこの通信路を通して誤りなく伝送できる最大の情報量である．したがって，一つの信号当たりこの通信路を通して誤りなく伝送できる最大の情報量は

$$\frac{\log_2 5}{2} = \log_2 \sqrt{5} \text{ ビット}$$

である．これは一つの信号で誤りなく伝送したときの 1 ビットより大きいことに注意しよう．

一般に，$k$ 個の信号で通信路を通して誤りなく伝送できる最大の通報数を $M(k)$ としたとき，一つの信号当たり伝送できる最大の情報量は

$$\frac{\log_2 M(k)}{k} = \log_2 \sqrt[k]{M(k)} \text{ ビット}$$

となる．そこで，

$$\mathcal{C}_0 = \sup_k \log_2 \sqrt[k]{M(k)}$$
$$= \lim_{k \to \infty} \log_2 \sqrt[k]{M(k)}$$

をこの通信路の**誤りなし通信路容量**と言う．誤りなし通信路容量を求める問題がグラフの問題として定式化できることを次節で紹介する．

## 10.2 グラフのシャノン容量

前節の五つの数字 0, 1, 2, 3, 4 を信号として用いて通信路を通して伝送する例をもう一度考えよう．この場合に，信号 $i$ と $i+1 \pmod 5$ を受信信号から区別できないことをグラフを用いて表現できる．信号の集合：

$$\{0,1,2,3,4\}$$

を点集合とし，混同する可能性のある信号 $i$ と $i+1 \pmod 5$ を辺で結んで得られるグラフをこの通信路の**混同グラフ**と言う．この場合の混同グラフは図 10.1 に示す五角形（長さ 5 の初等的閉路）$C_5$ になる．混同する可能性のない信号の集合（例えば $\{1,3\}$）は混同グラフの独立集合に対応していることに注意しよう．したがって，一つの信号で誤りなく伝送できる通報の最大数は混同グラフの独立数である．この場合には次の補題から 2 であることが分かる．

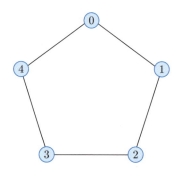

図 10.1　混同グラフ $C_5$

---
**補題 10.1**

$\alpha(C_5) = 2.$

---

二つの信号で誤りなく伝送できる通報の最大数を論じる前にグラフの標準積の定義が必要である．グラフ $G$ と $H$ の**標準積**

$$G \times H$$

とは以下のように定義されるグラフである：

$$V(G \times H) = V(G) \times V(H);$$

$$E(G \times H) = \big\{((u_1, v_1), (u_2, v_2)) \mid (u_1, v_1) \neq (u_2, v_2),$$
$$u_1 = u_2 \quad \text{または} \quad (u_1, u_2) \in E(G),$$
$$v_1 = v_2 \quad \text{または} \quad (v_1, v_2) \in E(H)\big\}.$$

図 10.2 (a) に示すグラフ $G_1$ と (b) に示すグラフ $G_2$ の標準積 $G_1 \times G_2$ を (c) に示す.

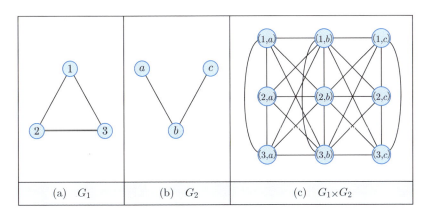

**図 10.2** グラフの標準積 $G_1 \times G_2$

定義から直ちに以下の二つの補題を得る.

---
**補題 10.2**

$A \subseteq V(G)$ と $B \subseteq V(H)$ がそれぞれグラフ $G$ と $H$ の独立集合であるとき, $A \times B$ は $G \times H$ の独立集合である.

---
**補題 10.3**

任意の整数 $m, n \geq 1$ に対して,
$$K_m \times K_n = K_{mn}$$
である.

---

$k$ 個の $G$ の標準積 $G \times G \times \cdots \times G$ を
$$G^k$$
で表す．すなわち，$G^k$ は以下のように定義されるグラフである：
$$V(G^k) = V(G)^k;$$
$$E(G^k) = \bigl\{((u_1, u_2, \ldots, u_k), (v_1, v_2, \ldots, v_k)) \bigm|$$
$$(u_1, u_2, \ldots, u_k) \neq (v_1, v_2, \ldots, v_k),$$
$$\text{すべての } i \text{ に対して} \quad u_i = v_i \quad \text{または} \quad (u_i, v_i) \in E(G)\bigr\}.$$

図 10.3 にグラフの標準積 $C_5^2$ を示す．補題 10.2 から直ちに以下の定理を得る．

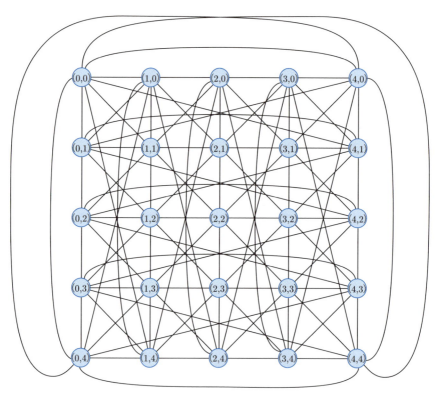

図 10.3　グラフの標準積 $C_5^2$

## 10.2 グラフのシャノン容量

---
**定理 10.1**

$S$ がグラフ $G$ の独立集合であるとき,任意の整数 $k \geq 2$ に対して $S^k$ は $G^k$ の独立集合である.

---

この定理から,$\{1,3\}$ は $C_5$ の独立集合であるので,
$$\{1,3\}^2 = \{(1,1),(1,3),(3,1),(3,3)\}$$
は $C_5^2$ の独立集合であることが分かる.実は,
$$\{(1,1),(2,3),(3,0),(4,2),(0,4)\}$$
も $C_5^2$ の独立集合である.これは $C_5^2$ の最大独立集合であるので,以下の定理を得る.

---
**定理 10.2**

$\alpha(C_5^2) = 5$.

---

簡単に分かるように,混同する可能性のない信号の順序対の集合(例えば,$\{11, 23, 30, 42, 04\}$)は $C_5^2$ の独立集合(例えば $\{(1,1),(2,3),(3,0),(4,2),(0,4)\}$)に対応している.したがって,二つの信号で伝送できる通報の最大数は独立数 $\alpha(C_5^2)$ に等しく,5 であることが分かる.

一般に通信路の混同グラフが $G$ であるとき,$k$ 個の信号で通信路を通して誤りなく伝送できる最大の通報数は $G^k$ の独立数と等しいことが分かる.すなわち,
$$M(k) = \alpha(G^k)$$
である.そこで,
$$\Theta(G) = \sup_k \sqrt[k]{\alpha(G^k)} = \lim_{k \to \infty} \sqrt[k]{\alpha(G^k)}$$
を $G$ の**シャノン容量**と言う.混同グラフのシャノン容量を用いて誤りなし通信路容量は
$$\mathcal{C}_0 = \log_2 \Theta(G)$$
と表現できるので,誤りなし通信路容量を求めるためには混同グラフのシャノン容量が分かればよい.

定理 1.1 と定理 10.1 から以下の補題を得る．

**補題 10.4**

$$\alpha(G)^k \leq \alpha(G^k).$$

グラフ $G$ の完全グラフである部分グラフを $G$ の**クリーク**と言う．$G$ のクリークの集合 $\{Q_1, Q_2, \ldots, Q_h\}$ は，

$$V(Q_1) \cup V(Q_2) \cup \cdots \cup V(Q_h) = V(G)$$

であるとき，$G$ の**クリーク被覆**であると言う．クリークの数が最小であるクリーク被覆を $G$ の**最小クリーク被覆**と言い，そのクリークの数を $G$ の**クリーク被覆数**と言う．$G$ のクリーク被覆数を

$$\rho(G)$$

と記す．図 10.4 のグラフは，

$$V(Q_1) = \{1, 2, 3\}, \quad V(Q_2) = \{3, 4, 5\}$$

であるような $K_3$ と同型である二つのクリーク $Q_1, Q_2$ で被覆できる．簡単に分かるように

$$\{Q_1, Q_2\}$$

は最小クリーク被覆であるので，このグラフのクリーク被覆数は 2 であることが分かる．

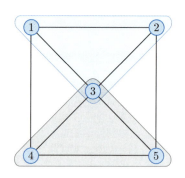

図 10.4　グラフのクリーク被覆

$\{Q_1, Q_2, \ldots, Q_h\}$ が $G$ のクリーク被覆であるとき，$G$ の独立集合は各 $Q_i$ と高々 1 個の点しか共有しないので，以下の補題を得る.

**補題 10.5**
$\alpha(G) \leq \rho(G)$.

ところで，$\{Q_1, Q_2, \ldots, Q_h\}$ が $G$ のクリーク被覆であるとき，補題 10.3 から，任意の $1 \leq i, j \leq h$ に対して $Q_i \times Q_j$ は $G^2$ のクリークであるので，
$$\{Q_i \times Q_j \mid 1 \leq i, j \leq h\}$$
は $G^2$ のクリーク被覆である．したがって，
$$\rho(G^2) \leq \rho(G)^2$$
を得る．一般に以下の補題が成り立つ.

**補題 10.6**
$\rho(G^k) \leq \rho(G)^k$.

補題 10.4 と補題 10.5 と補題 10.6 から以下の定理を得る.

**定理 10.3**
$\alpha(G)^k \leq \alpha(G^k) \leq \rho(G^k) \leq \rho(G)^k$.

シャノン容量の定義から以下の系を得る.

**系 10.1**
$\alpha(G) \leq \sqrt[k]{\alpha(G^k)} \leq \Theta(G) \leq \sqrt[k]{\rho(G^k)} \leq \rho(G)$.

定理 6.2 から 2 部グラフ $G$ には奇数長の初等的閉路は存在しないので，$G$ の任意のクリークは $K_1$ あるいは $K_2$ と同型である．したがって，2 点以上から成る連結な 2 部グラフ $G$ のクリーク被覆数は辺被覆数と等しい．すなわち，以下の補題が成り立つ.

**補題 10.7**
$G$ が 2 点以上から成る連結な 2 部グラフであるとき，
$$\rho(G) = \beta'(G)$$
である.

> **定理 10.4**
>
> $G$ が 2 点以上から成る連結な 2 部グラフであるとき，
> $$\Theta(G) = \alpha(G) = \rho(G) = \beta'(G)$$
> である．

**【証明】** 系 10.1 から，
$$\alpha(G) \leq \Theta(G) \leq \rho(G)$$
である．補題 10.7 から，
$$\alpha(G) \leq \Theta(G) \leq \rho(G) = \beta'(G)$$
である．系 6.2 から，
$$\alpha(G) \leq \Theta(G) \leq \rho(G) = \beta'(G) = \alpha(G)$$
であるので，定理を得る． ∎

任意の整数 $n \geq 1$ に対して，$n$ 角形（長さ $n$ の初等的閉路）を $C_n$ と記す．ただし，$C_2$ は初等的閉路ではない．図 10.5 に $n$ 角形の例を示す．$C_1$, $C_2$ と $C_3$ はそれぞれ $K_1$, $K_2$ と $K_3$ に同型であることに注意しよう．以下の定理は明らかであろう．

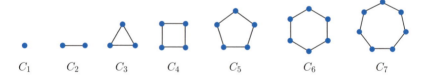

図 10.5　$n$ 角形

> **定理 10.5**
>
> 任意の整数 $1 \leq n \leq 3$ に対して，
> $$\alpha(C_n) = \rho(C_n) = 1$$
> であり，任意の整数 $n \geq 4$ に対して，
> $$\alpha(C_n) = \left\lfloor \frac{n}{2} \right\rfloor, \quad \rho(C_n) = \left\lceil \frac{n}{2} \right\rceil$$
> である．

ここで，$\lfloor a \rfloor$ は実数 $a$ 以下の最大の整数を表し，$\lceil a \rceil$ は実数 $a$ 以上の最小の整数を表す．例えば，
$$\lfloor 3.7 \rfloor = 3,$$
$$\lceil 3.7 \rceil = 4$$
であり，
$$\lfloor 3 \rfloor = \lceil 3 \rceil = 3$$
である．

定理 10.2，系 10.1 及び定理 10.5 から以下の定理を得る．

**定理 10.6**
$$\Theta(C_1) = 1,$$
$$\Theta(C_2) = 1,$$
$$\Theta(C_3) = 1,$$
$$\Theta(C_4) = 2,$$
$$\sqrt{5} \leq \Theta(C_5) \leq 3,$$
$$\Theta(C_6) = 3,$$
$$3 \leq \Theta(C_7) \leq 4.$$

実は，以下の定理が知られている．

**定理 10.7**
$$\Theta(C_5) = \sqrt{5}.$$

なお，$\Theta(C_7)$ の値はまだ知られていない．

## 10 章の問題

**1** 任意の整数 $n \geq 1$ に対して $\Theta(K_n)$ の値を示せ．

**2** 任意の整数 $m \geq n \geq 1$ に対して $\Theta(K_{m,n})$ の値を示せ．

# 第11章

# 構造工学への応用

　この章では，矩形枠組に筋交を入れて堅牢にする問題への応用を紹介する．この問題に関する研究は1864年のMaxwellの論文 [22] まで遡ると言われている．本章で紹介する定理 11.1 は Bolker と Crapo の 1979 年の論文 [3] に示されている．

---
11.1　矩形枠組の剛性
11.2　筋交グラフ
---

## 11.1 矩形枠組の剛性

図 11.1 (a) に示すような伸縮しない棒が継手で結合されている正方形の枠組は，図 11.1 (b) に示すような菱形に変形できるが，図 11.1 (c) に示すように筋交を入れるとこの枠組は変形できないことが簡単に分かる．このように変形できない枠組は**堅牢**であると言う．

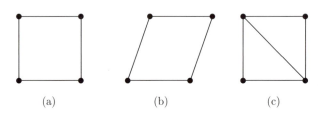

図 11.1　正方形枠組

一般に，伸縮しない棒が継手で結合されている正方格子の矩形枠組は堅牢ではないが，筋交を入れると堅牢にすることができる．例えば，図 11.2 (a) に示すように 4 本の筋交を入れた $2 \times 2$ 枠組は堅牢である．実は，簡単に分かるように図 11.2 (b) に示すように 3 本の筋交を入れるだけでも $2 \times 2$ 枠組を堅牢にできる．

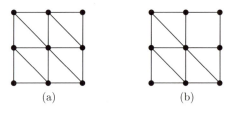

図 11.2　堅牢な $2 \times 2$ 枠組

では，2 本の筋交を入れて $2 \times 2$ 枠組を堅牢にできるであろうか．図 11.3 から，2 本の筋交をどのように入れても $2 \times 2$ 枠組を堅牢にはできないことが分かる．したがって，$2 \times 2$ 枠組を堅牢にするために必要かつ十分な筋交の数は 3 である．

## 11.1 矩形枠組の剛性

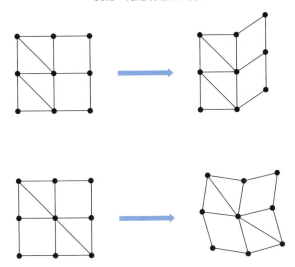

図 11.3 堅牢ではない 2 × 2 枠組

　一般に，伸縮しない棒が継手で結合されている正方格子の矩形枠組に最小数の筋交を入れて堅牢にすることは構造工学の基本的な問題である．次節では，グラフ理論を応用してこの問題が解決できることを紹介する．

## 11.2 筋交グラフ

$m \times n$ 枠組 $F$ の行に対応する点の集合 $\{r_1, r_2, \ldots, r_m\}$ と列に対応する点の集合 $\{c_1, c_2, \ldots, c_n\}$ の和集合を点集合とし，$i$ 行 $j$ 列の正方形に筋交があるとき点 $r_i$ と $c_j$ を辺で結んで得られる 2 部グラフ $G(F)$ をこの矩形枠組 $F$ の**筋交グラフ**と言う．

図 11.4 (a) の $3 \times 4$ 枠組の筋交グラフを図 11.4 (b) に示す．

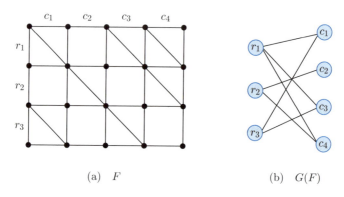

(a) $F$        (b) $G(F)$

**図 11.4** $3 \times 4$ 枠組 $F$ と筋交グラフ $G(F)$

$i$ 行 $j$ 列の正方形の垂直な辺（左右の辺）を行 $i$ の**柱**と言い ($1 \leq j \leq n$)，水平な辺（上下の辺）を列 $j$ の**桁**と言う ($1 \leq i \leq m$)．正方形の変形は菱形であるから，$m \times n$ 枠組の任意の変形において，行 $i$ の任意の二つの柱 ($1 \leq i \leq m$) は平行であるし，列 $j$ の任意の二つの桁 ($1 \leq j \leq n$) も平行であることに注意しよう．このことから直ちに以下を得る．

---
**補題 11.1**

$m \times n$ 枠組の $i$ 行 $j$ 列の正方形に筋交があるとき，任意の変形において行 $i$ の任意の柱と列 $j$ の任意の桁は垂直である．

---

さて，堅牢である矩形枠組を筋交グラフを用いて特徴付けるための準備ができた．

## 定理 11.1

矩形枠組 $F$ が堅牢であるための必要十分条件は，その筋交グラフ $G(F)$ が連結であることである．

【証明】 $G(F)$ が連結であるとき，点 $r_1$ と任意の点 $r_i$ あるいは $c_j$ を結ぶ路が存在する．点 $r_1$ と $r_i$ を結ぶ路が存在するということは，補題 11.1 から，任意の変形において行 1 の任意の柱と行 $i$ の任意の柱は平行であることを意味している．また点 $r_1$ と $c_j$ を結ぶ路が存在するということは，補題 11.1 から，任意の変形において行 1 の任意の柱と列 $j$ の任意の桁は垂直であることを意味している．したがって，$F$ は堅牢であることが分かる．

逆に $G(F)$ が非連結であると仮定する．点 $r_1$ と路で結ばれている $G(F)$ の点の集合を $X$ とし，$Y = V(G(F)) - X$ とする．すなわち，$X$ は $r_1$ を含む連結成分の点集合である．定義から $X \neq \emptyset$ である．$G(F)$ は非連結であるから，$Y \neq \emptyset$ であることに注意しよう．$r_i \in X$ であるとき，行 $i$ の柱を垂直にし，$c_j \in X$ であるとき，列 $j$ の桁を水平にする．$r_i \in Y$ であるとき，行 $i$ の柱を垂直から（例えば 10 度）傾け，$c_j \in Y$ であるとき，列 $j$ の桁を水平から（例えば 10 度）傾ける．このようにすると $F$ が変形できることが簡単に分かる（例題 11.2 参照）．したがって，$F$ は堅牢ではない． ∎

### 例題 11.1

図 11.5 (a) に示す $3 \times 3$ 枠組は堅牢であることを示せ．

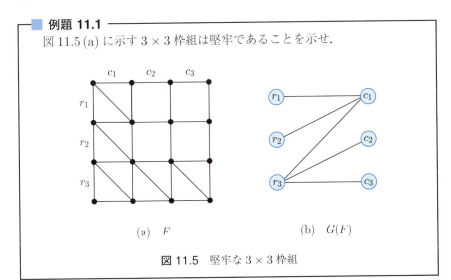

図 11.5 堅牢な $3 \times 3$ 枠組

【解答】 この矩形枠組の筋交グラフは図 11.5 (b) のようになる．簡単に分かるようにこの筋交グラフは連結であるから，この矩形枠組は堅牢である． ■

> **例題 11.2**
>
> 図 11.6 (a) に示す $3 \times 3$ 枠組は堅牢ではないことを示せ．
>
>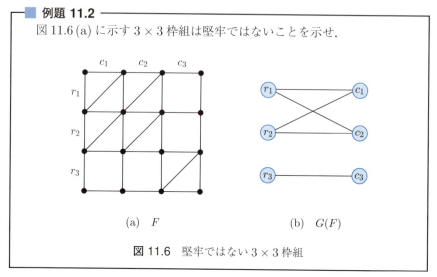
>
> 図 11.6　堅牢ではない $3 \times 3$ 枠組

【解答】 この矩形枠組の筋交グラフは図 11.6 (b) のようになる．簡単に分かるようにこの筋交グラフは非連結であるから，この矩形枠組は堅牢ではない．実際，図 11.7 に示すように変形できる．

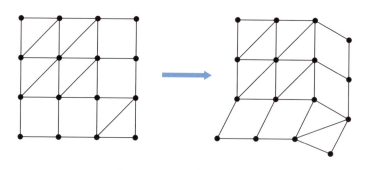

図 11.7　$3 \times 3$ 枠組の変形　　■

定理 11.1 と定理 4.1 と定理 4.2 から直ちに以下を得る．

> **系 11.1**
> $m \times n$ 枠組を堅牢にするために必要かつ十分な筋交の数は $m + n - 1$ である．

## 11 章の問題

☐ **1** 図 11.8 の矩形枠組は堅牢か．堅牢ではないときには，その変形も示せ．

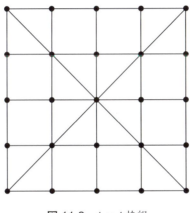

図 11.8　$4 \times 4$ 枠組

# 第12章

# 生命工学への応用

この章では，DNA 配列解析への応用を紹介する．これは 1977 年の Sanger, Nicklen, Coulson の論文 [27] に由来すると言われている．本章で紹介する定理 12.1，定理 12.2 及び定理 12.4 は，それぞれ Lysov 等の 1988 年の論文 [21], Pevzner の 1989 年の論文 [24] 及び Blazewicz 等の 1999 年の論文 [2] に示されている．

12.1 DNA 配列解析
12.2 重複グラフ
12.3 分解グラフ
12.4 有向線グラフ

## 12.1 DNA 配列解析

DNA はアデニン (A),シトシン (C),グアニン (G),チミン (T) の四種類の塩基から構成されている.DNA 配列解析は,この塩基の線形配列を明らかにすることが目的であるが,生命工学の基本的な問題の一つである.DNA 配列解析は以下の 2 段階から構成される.

> **第1段階** まず生命化学的な実験によって,DNA を長さの短い部分系列に分解し,その塩基配列を特定する.
> **第2段階** 次にこれらの部分系列から重複する隣接部分系列を合体して元の DNA の塩基配列を決定する.

実際の DNA 配列解析においては,第 1 段階において誤りや欠陥などがあるために第 2 段階の塩基配列の決定は大変難しい問題である.ここでは,第 1 段階において誤りや欠陥などが存在しないという理想的な仮定の下で,以下のような DNA 配列解析の最も素朴な定式化を用いる.

> **第1段階** 記号集合 $\{A, C, G, T\}$ 上の長さ $n$ の記号列 $w$(DNA の塩基配列)に対して,長さ $k$ のすべての部分記号列を出力する(これらの部分記号列の数は $n - k + 1$ であることに注意しよう).
> **第2段階** 第 1 段階の出力である $n - k + 1$ 個の長さ $k$ の部分記号列を隣接する部分記号列が $k - 1$ 個の記号が重複するように並べ替えて,元の長さ $n$ の記号列 $w$(DNA の塩基配列)を復元する.

## 12.1 DNA 配列解析

**例題 12.1**

次の 10 個の長さ 3 の記号列

{AAG, ATG, CAA, CGT, GCA, GCG, GGC, GTG, TGC, TGG}

から長さ 12 の DNA の塩基配列 $w$ を復元せよ．

**【解答】** これらの記号列を図 12.1 に示すように並べ替えると塩基配列

$$w = \text{ATGGCGTGCAAG}$$

が復元できることが分かる．

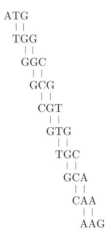

図 12.1　DNA 塩基配列

実際の $n$ と $k$ の値はそれぞれ数億と数千になることがあると言われていて，DNA の塩基配列を復元することは大変な作業であることが分かる．本章では，グラフ理論を応用してこの問題を解決する方法を二つ紹介する．

## 12.2 重複グラフ

記号集合 $\{A, C, G, T\}$ 上の長さ $n$ の記号列 $w$ の**重複グラフ** $\Gamma(w)$ は以下のように定義される有向グラフである.$n - k + 1$ 個の長さ $k$ の記号列の集合を
$$V(\Gamma(w))$$
とし,点 $u$ の最初の記号を除く長さ $k - 1$ の記号列と点 $v$ の最後の記号を除く長さ $k - 1$ の記号列が同じであるとき,これらの 2 点を有向辺 $(u, v)$ で結ぶ.ただし,長さ $k$ の記号列としては同じものが存在するかも知れないが,$\Gamma(w)$ の点としては異なるものとして扱う.例題 12.1 の長さ 12 の記号列の重複グラフを図 12.2 に示す.

簡単に分かるように,$\Gamma(w)$ の有向ハミルトン路に沿って長さ $k$ の記号列を重ね合わせていけば,長さ $n$ の記号列 $w$ を復元できる.図 12.2 の重複グラフでは,図 12.3 に青い有向辺で示した有向ハミルトン路が DNA 塩基配列に対応していることが分かる.したがって,以下の定理を得る.

---
**定理 12.1**

重複グラフの有向ハミルトン路は DNA 塩基配列に対応している.

---

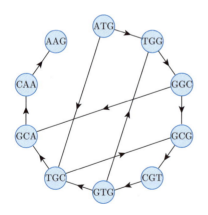 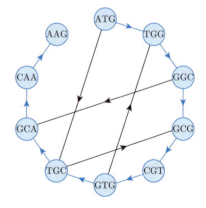

図 12.2 重複グラフ　　図 12.3 重複グラフの有向ハミルトン路

## 12.3 分解グラフ

記号集合 $\{A, C, G, T\}$ 上の長さ $n$ の記号列 $w$ の**分解グラフ** $\Lambda(w)$ は以下のように定義される有向グラフである．$n - k + 1$ 個の長さ $k$ の記号列の集合を
$$A(\Lambda(w))$$
とし，有向辺 $a = (u, v)$ の点 $u$ は $a$ の最後の記号を除く長さ $k - 1$ の記号列に対応し，点 $v$ は $a$ の最初の記号を除く長さ $k - 1$ の記号列に対応している．ただし，長さ $k$ の記号列としては同じものが存在するかも知れないが，$\Lambda(w)$ の有向辺としては異なるものとして扱う．したがって，$\Lambda(w)$ には多重有向辺が存在するかも知れないことに注意しよう．例題 12.1 の長さ 12 の記号列の分解グラフを図 12.4 に示す．

簡単に分かるように，$\Lambda(w)$ の有向オイラー路に沿って長さ $k$ の記号列を重ね合わせていけば，長さ $n$ の記号列 $w$ を復元できる．図 12.4 の分解グラフでは，図 12.5 に青線で示した有向オイラー路が DNA 塩基配列に対応していることが分かる．したがって，以下の定理を得る．

---
**定理 12.2**

分解グラフの有向オイラー路は DNA 塩基配列に対応している．

---

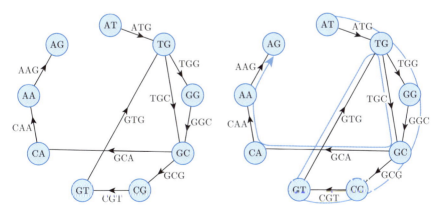

図 12.4　分解グラフ　　図 12.5　分解グラフの有向オイラー路

## 12.4 有向線グラフ

実は，重複グラフの有向ハミルトン路を用いた DNA 配列解析と分割グラフの有向オイラー路を用いた DNA 配列解析は密接に関連している．$\Gamma$ と $\Lambda$ を有向グラフとする．$V(\Gamma) = A(\Lambda)$ であり，$(a, a') \in A(\Gamma)$ のときかつこのときに限り $\Lambda$ の有向辺 $a$ の終点と有向辺 $a'$ の始点が一致しているとき，$\Gamma$ は $\Lambda$ の**有向線グラフ**であると言う．定義から直ちに以下を得る．

---
**定理 12.3**

$\Gamma$ が $\Lambda$ の有向線グラフであるとき，$\Gamma$ の有向辺の系列
$$((a_1, a_2), (a_2, a_3), \ldots, (a_{n-1}, a_n))$$
が $\Gamma$ の有向ハミルトン路であるための必要十分条件は，$\Lambda$ の有向辺の系列
$$(a_1, a_2, a_3, \ldots, a_{n-1}, a_n)$$
が $\Lambda$ の有向オイラー路であることである．

---

重複グラフと分割グラフの定義から直ちに以下を得る．

---
**定理 12.4**

重複グラフ $\Gamma(w)$ は分解グラフ $\Lambda(w)$ の有向線グラフである．

---

実際，図 12.2 の重複グラフが図 12.4 の分解グラフの有向線グラフであることが簡単に確かめられる．定理 12.3 と定理 12.4 から以下を得る．

---
**系 12.1**

重複グラフ $\Gamma(w)$ の有向ハミルトン路の点の系列 $(a_1, a_2, \ldots, a_n)$ は分解グラフ $\Lambda(w)$ の有向オイラー路の有向辺の系列であり，分解グラフ $\Lambda(w)$ の有向オイラー路の有向辺の系列 $(a_1, a_2, \ldots, a_n)$ は重複グラフ $\Gamma(w)$ の有向ハミルトン路の点の系列である．

---

すなわち，重複グラフの有向ハミルトン路を用いた DNA 配列解析と分割グラフの有向オイラー路を用いた DNA 配列解析は本質的には同じであることが分かる．

## 12章の問題

☐ **1** $G$ と $H$ をグラフとする．$V(G) = E(H)$ であり，$(u,v) \in E(G)$ のときかつこのときに限り $H$ の辺 $u$ と辺 $v$ が隣接しているとき，$G$ は $H$ の**線グラフ**であると言う．$G$ が $H$ の線グラフであるとき，$G$ にハミルトン路が存在しても $H$ にオイラー路が存在するとは限らないことを反例を用いて示せ．

# 第13章

# 経営工学への応用

この章では，割当問題への応用を紹介する．割当問題の歴史は古いが，1955 年の Kuhn の論文 [19] が最初に解法を示したと言われている．本章で紹介する定理 13.2 は Hall の 1935 年の論文 [13] に示されている．

13.1　特殊な割当問題
13.2　完全マッチング
13.3　一般的な割当問題
13.4　時間割問題

## 13.1　特殊な割当問題

本節では，**割当問題**の最も簡単な場合である以下の問題について考察する．各職人は $n$ 種類の仕事のいくつかをすることができるとき，各仕事には 2 人以上の職人を割り当てないようにして，$n$ 人の職人をそれぞれができる一つの仕事に割り当てることができるであろうか．

表 13.1 には，3 人の職人 $p_1, p_2, p_3$ と 3 種類の仕事 $q_1, q_2, q_3$ に対して，職人 $p_i$ が仕事 $q_j$ をできることを $i$ 行 $j$ 列に「可」と書いて表現している．この場合には，職人 $p_i$ に仕事 $q_i$ を割り当てれば 3 人全員に仕事を割り当てられる．

それでは，表 13.2 の場合には 3 人の職人全員に仕事を割り当てることができるであろうか．簡単に分かるように，職人 $p_1$ と職人 $p_2$ ができるのは仕事 $q_1$ だけであるから，この 2 人に異なる仕事を割り当てることはできない．したがってこの場合には，3 人の職人全員に仕事を割り当てることはできない．

表 13.1　職人と仕事

| 職人＼仕事 | $q_1$ | $q_2$ | $q_3$ |
|---|---|---|---|
| $p_1$ | 可 |  | 可 |
| $p_2$ |  | 可 |  |
| $p_3$ | 可 | 可 | 可 |

表 13.2　職人と仕事

| 職人＼仕事 | $q_1$ | $q_2$ | $q_3$ |
|---|---|---|---|
| $p_1$ | 可 |  |  |
| $p_2$ | 可 |  |  |
| $p_3$ | 可 | 可 | 可 |

一般に，ある $k$ 人の職人ができる仕事が $k$ 種類未満だった場合には，これらの $k$ 人の職人に一つずつ仕事を割り当てることはできない．では，任意の $k$ $(1 \leq k \leq n)$ に対して，任意の $k$ 人の職人ができる仕事が $k$ 種類以上存在する場合には，$n$ 人の職人全員に仕事を割り当てることができるであろうか．実は，以下の定理に示すように，この自明な必要条件が十分条件でもあることが知られている．

> **定理 13.1**
>
> $n$ 人の職人に仕事を割り当てることができるための必要十分条件は，任意の $k$ $(1 \leq k \leq n)$ に対して，任意の $k$ 人の職人ができる仕事が $k$ 種類以上存在することである．

次節ではグラフ理論を用いたこの定理の証明を紹介する．

## 13.2 完全マッチング

グラフ $G$ の点 $v$ に隣接する点の集合を $A_G(v)$ とし，任意の $S \subseteq V(G)$ に対して，
$$A_G(S) = \bigcup_{v \in S} A_G(v)$$
と定義する．$G$ のマッチング $M$ は，
$$\partial(M) = V(G)$$
であるとき，**完全マッチング**であると言う．$G$ の任意の点は完全マッチングの辺の端点であるから，$M$ が $G$ の完全マッチングであるとき，
$$|M| = \frac{|V(G)|}{2}$$
である．したがって，完全マッチングが存在するグラフの点数は偶数であることに注意しよう．図 13.1 に完全グラフ $K_4$ の完全マッチングの例を示す．太線で示した 2 本の辺が完全マッチングである．

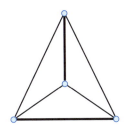

図 13.1　$K_4$ の完全マッチング

---
**定理 13.2**

$G$ を 2 部グラフとし，$(X, Y)$ をその 2 分割とする．ただし，$|X| = |Y|$ であるとする．このとき，$G$ に完全マッチングが存在するための必要十分条件は，任意の $S \subseteq X$ に対して
$$|S| \leq |A_G(S)|$$
が成り立つことである．

---

【証明】 $|S| > |A_G(S)|$ である $S \subseteq X$ が存在する場合には，$G$ の任意のマッチング $M$ に対して $S - \partial(M) \neq \emptyset$ であるから，$G$ には完全マッチングが存在しないことが

分かる．

逆に，任意の $S \subseteq X$ に対して $|S| \leq |A_G(S)|$ であるならば，$G$ には完全マッチングが存在することを $|X|$ に関する数学的帰納法で証明する．まず，$|X| = 1$ のときには，明らかに $G$ には完全マッチングが存在する．$|X| \leq n-1$ のときには $G$ には完全マッチングが存在すると仮定して，$|X| = n$ である $G$ について考えよう．二つの場合に分けて考察する．

**場合 1** 任意の $S \subset X$ に対して $|S| < |A_G(S)|$ であるとき：任意に辺 $(x, y)$ を選び，
$$V(G') = V(G) - \{x, y\},$$
$$E(G') = E(G) - \{(x, y)\}$$
として定義される 2 部グラフを $G'$ とする．
$$(X - \{x\}, Y - \{y\})$$
が $G'$ の 2 分割である．このとき，任意の
$$S \subseteq X - \{x\}$$
に対して
$$|S| \leq |A_{G'}(S)|$$
であるから，帰納法の仮定から $G'$ には完全マッチング $M'$ が存在する．したがって，
$$M' \cup \{(x, y)\}$$
は $G$ の完全マッチングであることが分かる．

**場合 2** $|S| = |A_G(S)|$ である $S \subset X$ が存在するとき：まず，
$$V(G') = S \cup A_G(S),$$
$$E(G') = \{(x, y) \mid (x, y) \in E(G), x \in S, y \in A_G(S)\}$$
として定義される 2 部グラフを $G'$ とする．
$$(S, A_G(S))$$
が $G'$ の 2 分割である．このとき，任意の
$$S' \subseteq S$$
に対して
$$A_G(S') \subseteq A_G(S)$$
であるから
$$|S'| \leq |A_{G'}(S')|$$

## 13.2 完全マッチング

であり，帰納法の仮定から $G'$ には完全マッチング $M'$ が存在する．

次に，
$$V(G'') = V(G) - (S \cup A_G(S)),$$
$$E(G'') = E(G) - \{(x, y) \mid x \in S, y \in A_G(S)\}$$
として定義される2部グラフを $G''$ とする．
$$(X - S, Y - A_G(S))$$
が $G''$ の2分割である．$G''$ において
$$|S''| > |A_{G''}(S'')|$$
である
$$S'' \subseteq X - S$$
が存在すると仮定すると，
$$S \cup S'' \subseteq X$$
に対して
$$|S \cup S''| = |S| + |S''| > |A_G(S)| + |A_{G''}(S'')| \geq |A_G(S \cup S'')|$$
となり前提条件に矛盾する．したがって，任意の
$$S'' \subseteq X - S$$
に対して
$$|S''| \leq |A_{G''}(S'')|$$
であるから，帰納法の仮定から $G''$ には完全マッチング $M''$ が存在する．

以上のことから，$G$ には完全マッチング
$$M' \cup M''$$
が存在することが分かる．
以上で定理は証明された． ∎

職人の集合を $P = \{p_1, p_2, \ldots, p_n\}$，仕事の集合を $Q = \{q_1, q_2, \ldots, q_n\}$ とする．このとき，以下のようにして2部グラフ $G$ を定義する．$V(G) = P \cup Q$ とし，職人 $p_i$ が仕事 $q_j$ をできるとき点 $p_i$ と点 $q_j$ を辺で結ぶ．このように定義すると，$n$ 人の職人に仕事を割り当てることは $G$ の完全マッチングに対応しているので，定理 13.1 は定理 13.2 の系として得られることが分かる．

表 13.1 と表 13.2 に対応する 2 部グラフ $G_1$ と $G_2$ をそれぞれ図 13.2 の (a) と (b) に示す．$G_1$ には図に太線で示したような完全マッチングが存在するが，
$$A_{G_2}(\{p_1, p_2\}) = \{q_1\}$$
であるから，
$$\left|\{p_1, p_2\}\right| > \left|A_{G_2}(\{p_1, p_2\})\right|$$
であり，定理 13.2 から，$G_2$ には完全マッチングが存在しないことが分かる．

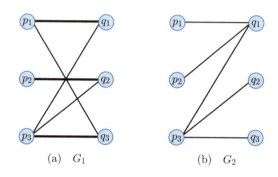

**図 13.2** 表 13.1 と表 13.2 に対応する 2 部グラフ

## 13.3 一般的な割当問題

一般的な**割当問題**は以下のように記述される．同じ大きさの有限集合 $S, T$ と $S \times T$ から実数の集合への写像

$$w \colon S \times T \to \mathbb{R}$$

が与えられたとき，

$$\sum_{s \in S} w\bigl((s, f(s))\bigr)$$

が最大となるような全単射 $f \colon S \to T$ を求めよ．

この問題は以下のようにしてグラフの問題として定式化できる．グラフ $G$ と $E(G)$ から実数の集合への写像

$$w' \colon E(G) \to \mathbb{R}$$

が与えられているとき，任意の $e \in E(G)$ に対して $w'(e)$ を辺 $e$ の**重み**と言う．また，任意の $X \subseteq E(G)$ に対して

$$w'(X) = \sum_{e \in X} w'(e)$$

と定義して，これを辺の集合 $X$ の**重み**と言う．このとき，$(S, T)$ を2分割とする完全2部グラフ $K_{n,n}$ の各辺 $(s, t)$ に対して，

$$w'\bigl((s, t)\bigr) = w\bigl((s, t)\bigr)$$

と定義すると，一般的な割当問題の

$$\sum_{s \in S} w\bigl((s, f(s))\bigr)$$

を最大とする全単射 $f \colon S \to T$ は $K_{n,n}$ の**最大重みマッチング**（重み最大の完全マッチング）に対応していることが分かる．

■ 例題 13.1

表 13.3 には，3 人の職人 $p_1, p_2, p_3$ と 3 種類の仕事 $q_1, q_2, q_3$ に対して，職人 $p_i$ を仕事 $q_j$ に割り当てたときの利益を $i$ 行 $j$ 列の数値で表現している．このとき，利益が最大になるように 3 人の職人を 3 種類の仕事に割り当てよ．

表 13.3　職人と仕事

| 職人＼仕事 | $q_1$ | $q_2$ | $q_3$ |
|---|---|---|---|
| $p_1$ | 5 | 4 | 1 |
| $p_2$ | 4 | 1 | 1 |
| $p_3$ | 3 | 1 | 2 |

【解答】 図 13.3 の $K_{3,3}$ の 2 分割は $(\{p_1, p_2, p_3\}, \{q_1, q_2, q_3\})$ であり，辺 $(p_i, q_j)$ の重みは $p_i$ を $q_j$ に割り当てたときの利益である．簡単に分かるように，この完全 2 部グラフの最大重みマッチングは

$$\{(p_1, q_2), (p_2, q_1), (p_3, q_3)\}$$

でその重みは 10 である．

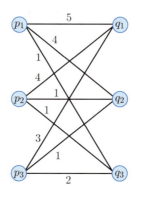

図 13.3　表 13.3 に対応する $K_{3,3}$ と辺の重み

## 13.4 時間割問題

本節では，割当問題に関連した以下の問題を紹介しよう．ある学校には $m$ 人の教員が居て $n$ 組の学級があるものとする．各教員が授業を担当する学級が決まっているとき，時間割を作成するために必要かつ十分な時限の数はいくつであろうか．これが**時間割問題**である．

各時限で，各教員は高々一つの学級しか担当できないし，各学級は高々一人の教員の授業しか受けられないことに注意しよう．そこで，教員の集合：

$$\{p_1, p_2, \ldots, p_m\}$$

と学級の集合：

$$\{q_1, q_2, \ldots, q_n\}$$

の和集合を点集合とし，教員 $p_i$ が学級 $q_j$ の授業を担当するとき点 $p_i$ と $q_j$ を辺で結んで得られる 2 部グラフを $G$ とする．このとき，$G$ のマッチングは，一つの時限で実施できる授業の集合に対応していることが分かる．したがって，時間割問題は $G$ の辺彩色数を求める問題に帰着する．$G$ は 2 部グラフであるから，定理 7.6 より時間割を作成するために必要かつ十分な時限の数は $G$ の最大次数に等しいことが分かる．

例えば，表 13.4 には，3 人の教員 $p_1$, $p_2$, $p_3$ と 3 組の学級 $q_1$, $q_2$, $q_3$ に対して，教員 $p_i$ が学級 $q_j$ の授業を担当することを $i$ 行 $j$ 列に「授業」と書いて表現している．この表に対応する 2 部グラフは図 13.4 (a) に示されているが，このグラフの最大次数は 3 であるから，時間割を作成するために必要かつ十分な時限の数は 3 であることが分かる．実際の 3 辺彩色を図 13.4 (b) に示す．

**表 13.4** 教員と学級

| 教員 \ 学級 | $q_1$ | $q_2$ | $q_3$ |
|---|---|---|---|
| $p_1$ | 授業 |  | 授業 |
| $p_2$ |  | 授業 |  |
| $p_3$ | 授業 | 授業 | 授業 |

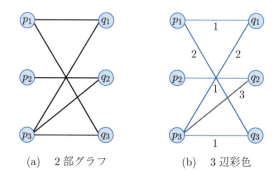

(a) 2部グラフ　　(b) 3辺彩色

**図 13.4** 表 13.4 に対応する 2 部グラフとその 3 辺彩色

## 13章の問題

☐ **1** すべての点の次数が等しいグラフは**正則**であると言う．任意の正則な 2 部グラフには完全マッチングが存在することを示せ．

☐ **2** 正則なグラフには完全マッチングが存在するとは限らないことを示せ．

# 第14章

# 情報工学への応用

　この章では，アルゴリズム理論への応用を紹介する．アルゴリズムの設計と解析は情報工学の基盤の一つである．本章で紹介する多項式時間アルゴリズムの重要性は 1965 年の Edmonds の論文 [10] で最初に指摘されたと言われている．また，問題の難しさを扱う NP 完全の理論は 1971 年の Cook の論文 [9] に由来する．本章で紹介する定理 14.9 と定理 14.10 は 1955 年の Kuhn の論文 [19] に示されている．また，定理 14.14，定理 14.15 及び定理 14.16 はそれぞれ文献 [10]，1972 年の Karp の論文 [14] 及び文献 [9] に示されている．

14.1　多項式時間アルゴリズム
14.2　幅優先探索
14.3　難しい問題

## 14.1 多項式時間アルゴリズム

次の問題を例としてグラフの問題とそれを解くアルゴリズムについて考えてみよう．

> **問題1** 与えられた連結グラフ $G$ はオイラーグラフか．

このように答えが「はい」か「いいえ」であるような問題を**判定問題**と言う．算術演算，論理演算，及びメモリへのアクセスなどの基本操作の有限系列を**手続き**と言う．すべての連結グラフ $G$ に対して問題 1 の解を求めるための手続きをこの問題を解く**アルゴリズム**と言う．$A$ を問題 1 を解くアルゴリズムとしよう．$n$ 点から成る連結グラフは沢山あるが，これらの連結グラフに対して $A$ がこの問題を解くときに必要な基本操作の最大数は $n$ の関数であるから，これを

$$T_A(n)$$

と書いて，$A$ の**時間計算量**と言う．$n$ に関するある多項式

$$P(n)$$

が存在して，十分大きなすべての $n$ に対して

$$T_A(n) \leq P(n)$$

が成り立つとき，$A$ を**多項式時間アルゴリズム**と言う．

一般に，グラフに関する問題は「すべての場合を尽くす」という自明な非多項式時間アルゴリズムで解ける場合が多い．例えば，問題 1 は以下のようなすべての場合を尽くすアルゴリズムによって解くことができる．

> **アルゴリズム 1**
> (1) $E(G)$ のすべての順列を生成する．
> (2) 各々の順列がオイラー閉路に対応しているか否かを調べる．

## 14.1 多項式時間アルゴリズム

アルゴリズム 1 はすべての場合を尽くしているので問題 1 を解くが，$E(G)$ のすべての順列の数は $|E(G)|!$ であり，$G$ がオイラーグラフではないときにはすべての順列を調べなければならないので，時間計算量は $n!$ 以上である．したがって，これは多項式時間アルゴリズムではない．

一方，グラフ理論を応用すると非自明な多項式時間アルゴリズムを設計できることがある．例えば，問題 1 に対しては定理 3.1 を応用して以下のような多項式時間アルゴリズムを設計できる．

> **アルゴリズム 2**
> **ステップ (0)**　$X = V(G)$ とする．
> **ステップ (1)**　点 $x \in X$ を任意に 1 つ選ぶ．
> **ステップ (2)**　点 $x$ の次数が奇数ならば，「いいえ」を出力して終了する．
> **ステップ (3)**　$X = X - \{x\}$ とする．
> **ステップ (4)**　$X = \emptyset$ ならば，「はい」を出力して終了する．
> そうでなければ，ステップ (1) に戻る．

定理 3.1 からアルゴリズム 2 は問題 1 を解くことが分かる．$G$ がオイラーグラフであるとき，このアルゴリズムはすべての点の次数を計算して終了する．定理 1.5 から，点の次数の総和は $2|E(G)|$ であるので，例題 2.1 からアルゴリズム 2 は多項式時間アルゴリズムであることが分かる．したがって，以下の定理を得る．

> **定理 14.1**
> アルゴリズム 2 は問題 1 を多項式時間で解く．

表 14.1 に示すように小さい $n$ に対しても指数関数や階乗関数は爆発的に大きくなることが分かる．ちなみに，太陽系，銀河及び宇宙の大きさは，それぞれ大体 $10^{12}$ メートル，$10^{21}$ メートル及び $10^{26}$ メートルであると言われている．したがって，効率的なアルゴリズムは多項式時間アルゴリズムであり，多項式時間アルゴリズムを設計することがアルゴリズム理論の重要な目標の一つになっている．

表 14.1 関数の比較

| $n$ | $n^2$ | $10^n$ | $n!$ |
|---|---|---|---|
| 5 | 25 | $10^5$ | 120 |
| 10 | 100 | $10^{10}$ | $3628800 \approx 3.6 \times 10^6$ |
| 15 | 225 | $10^{15}$ | $1307674368000 \approx 1.3 \times 10^{12}$ |
| 20 | 400 | $10^{20}$ | $2432902008176640000 \approx 2.4 \times 10^{18}$ |

ところで，問題 1 は判定問題であるが，定理 3.1 の証明から実際にオイラー路を構成する再帰的な多項式時間アルゴリズムを設計できる．同様に，有向グラフに対しても有向オイラー路を構成する多項式時間アルゴリズムが知られている．したがって，以下の定理を得る．

**定理 14.2**
分解グラフの有向オイラー路は多項式時間で構成できる．

この定理 14.2 と系 12.1 から以下の系を得る．

**系 14.1**
重複グラフの有向ハミルトン路は多項式時間で構成できる．

## 14.2 幅優先探索

グラフを探索するアルゴリズムとして深さ優先探索と幅優先探索がよく知られているが，ここでは幅優先探索を紹介する．グラフ $G$ と任意に指定された点 $s \in V(G)$ に対して，以下のアルゴリズムを**幅優先探索**と言う．

---
**アルゴリズム 3**
ステップ (0)　$V_0 = \{s\}, X = \emptyset, i = 0$ とする．
ステップ (1)　$V_i = \emptyset$ ならば，$V_0, V_1, \ldots, V_{i-1}$ と $X$ を出力して終了する．
ステップ (2)　$V_{i+1} = \emptyset$ とする．
ステップ (3)　各点 $u \in V_i$ の各辺 $(u, v) \in E(G)$ に対して $v \notin \bigcup_{j=0}^{i+1} V_j$ ならば，$V_{i+1} = V_{i+1} \cup \{v\}, X = X \cup \{(u, v)\}$ とする．
ステップ (4)　$i = i + 1$ としてステップ (1) に戻る．

---

アルゴリズム 3 は各辺を高々 2 回探索して終了するので，多項式時間アルゴリズムであることが分かる．したがって，以下の定理を得る．

> **定理 14.3**
> アルゴリズム 3 は多項式時間で終了する．

グラフ $G$ の辺の集合 $S \subseteq E(G)$ に対して，辺集合が $S$ で点集合が
$$\partial(S) = \bigcup_{(u,v) \in S} \{u, v\}$$
である $G$ の部分グラフを $G(S)$ とする．アルゴリズム 3 のステップ (3) において，辺 $(u, v)$ が $X$ に加えられる直前では，$u \in \partial(X), v \notin \partial(X)$ であるから，$G(X \cup \{(u, v)\})$ は連結であり，初等的閉路を含まないことが分かる．すなわち，以下の定理を得る．

> **定理 14.4**
> アルゴリズム 3 の出力 $X$ に対して，$G(X)$ は木である．

この木 $G(X)$ を**幅優先探索木**と言う．

### ■ 例題 14.1

図 14.1 のグラフにアルゴリズム 3 を適用したときの幅優先探索木を示せ．

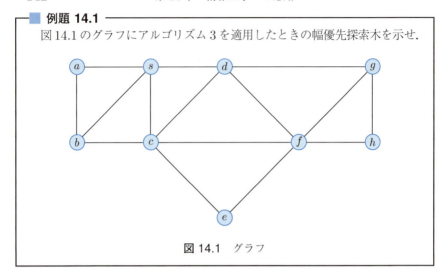

図 14.1　グラフ

【解答】　例えば，図 14.2 に示すような幅優先探索木が得られる．ここで，
$$V_0 = \{s\}, \quad V_1 = \{a,b,c,d\}, \quad V_2 = \{e,f,g\}, \quad V_3 = \{h\},$$
$$X = \{(s,a),(s,b),(s,c),(s,d),(c,e),(c,f),(d,g),(f,h)\}$$
である．

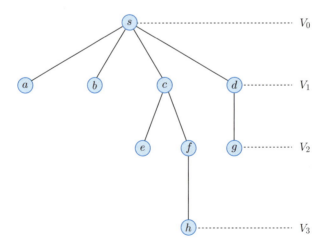

図 14.2　幅優先探索木

## 14.2 幅優先探索

グラフの 2 点を結ぶ最短路の長さをその 2 点間の**距離**と言う．簡単に分かるように，以下の定理が成り立つ．

---
**定理 14.5**

アルゴリズム 3 の出力 $V_k$ は点 $s$ からの距離が $k$ である点の集合である．

---

幅優先探索木 $G(X)$ 上で点 $s$ と $V_k$ の各点を結ぶ一意的な初等的路はそれぞれ長さ $k$ の最短路であるので以下の系を得る．

---
**系 14.2**

アルゴリズム 3 は，与えられた連結グラフの任意の点から他の点への最短路を多項式時間で計算する．

---

定理 14.5 から，以下の定理を得る．

---
**定理 14.6**

グラフ $G$ が連結であるための必要十分条件は，アルゴリズム 3 の出力 $V_0, V_1, \ldots, V_{i-1}$ に対して

$$V(G) = \bigcup_{j=0}^{i-1} V_j$$

であることである．

---

定理 14.3 と定理 14.6 から以下の系を得る．

---
**系 14.3**

アルゴリズム 3 を用いて，与えられたグラフが連結か否かを多項式時間で判定できる．

---

定理 11.1 と系 14.3 から以下の定理を得る．

---
**定理 14.7**

矩形枠組が堅牢であるか否かは多項式時間で判定できる．

---

グラフ $G$ が連結であるとき，幅優先探索木 $G(X)$ は $G$ の全域木であることに注意しよう．したがって，$G$ が木であるための必要十分条件は

$$|E(G)| = |X|$$

であることであるので，以下の系も得られる．

---
**系 14.4**

アルゴリズム 3 を用いて，与えられたグラフが木であるか否かを多項式時間で判定できる．

---

アルゴリズム 3 は 2 部グラフの判定問題にも応用できる．アルゴリズム 3 の出力 $V_0, V_1, \ldots, V_{i-1}$ に対して，

$$u \in V_j, v \in V_k, (u,v) \in E(G) \Rightarrow |j-k| \leq 1$$

であることに注意しよう．特に，$j = k$ であるときには，定理 6.2 の証明中の $W$ が独立集合であることの証明と同じ論法で，$G$ には長さが奇数の初等的閉路が存在することが示せる．一方，簡単に分かるように，各 $V_k$ $(0 \leq k \leq i-1)$ が独立集合であるとき，連結グラフ $G$ には長さが奇数の初等的閉路は存在しない．したがって，以下の定理を得る．

---
**定理 14.8**

連結グラフ $G$ に長さが奇数の初等的閉路が存在しないための必要十分条件は，アルゴリズム 3 の出力：

$$V_0, V_1, \ldots, V_{i-1}$$

に対して，各 $V_k$ $(0 \leq k \leq i-1)$ が独立集合であることである．

---

定理 6.2，定理 14.3 及び定理 14.8 から以下の系を得る．

---
**系 14.5**

アルゴリズム 3 を用いて，与えられた連結グラフが 2 部グラフか否かを多項式時間で判定できる．

---

## 14.2 幅優先探索

幅優先探索は 2 部グラフの最大マッチングを求める問題にも応用できる．図 14.3 に示す 2 部グラフ $G$ の太線で示されたマッチング：
$$M = \{(2,a), (3,b), (4,c), (5,d)\}$$
に対する増加路は，幅優先探索を応用して図 14.4 の
$$P = ((1,a), (a,2), (2,c), (c,4), (4,e))$$
のように求められる．ここで，交互路で通るマッチングの辺は一意的であることに注意しよう．このとき，図 14.5 に示すように $M$ より辺数が多いマッチング：
$$M' = M \oplus E(P) = \{(1,a), (2,c), (3,b), (4,e), (5,d)\}$$
が得られる．
$$\partial(M') = V(G)$$
であるから，$M'$ は $G$ の完全マッチングであり，したがって最大マッチングである．

実際，2 部グラフのマッチングに対する増加路は，存在するならば，多項式時間で構成できることが知られている．すなわち，以下の定理が知られている．

> **定理 14.9**
> 2 部グラフの最大マッチングは多項式時間で計算できる．すなわち，与えられた 2 部グラフ $G$ に対して，$\alpha'(G)$ は多項式時間で計算できる．

実は，以下の定理も知られている．

> **定理 14.10**
> 重み付き完全 2 部グラフの最大重みマッチングは多項式時間で計算できる．

したがって，以下の二つの系を得る．

> **系 14.6**
> 特殊な割当問題は多項式時間で解くことができる．

> **系 14.7**
> 一般的な割当問題は多項式時間で解くことができる．

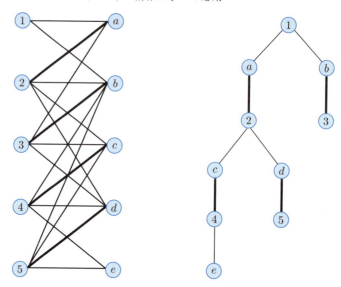

図 14.3 2部グラフ $G$ のマッチング $M$  　　図 14.4 増加路

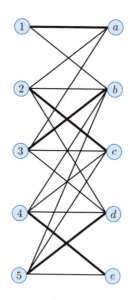

図 14.5 $G$ の最大マッチング $M'$

定理 6.3 と定理 14.9 から以下の定理を得る．

> **定理 14.11**
> 与えられた 2 部グラフ $G$ に対して，$\beta(G)$ は多項式時間で計算できる．

定理 6.5 と定理 14.9 から以下の定理を得る．

> **定理 14.12**
> 与えられた 2 部グラフ $G$ に対して，$\beta'(G)$ は多項式時間で計算できる．

系 6.2 と定理 14.12 から以下の定理を得る．

> **定理 14.13**
> 与えられた 2 部グラフ $G$ に対して，$\alpha(G)$ は多項式時間で計算できる．

定理 6.4 の証明から多項式時間アルゴリズムを直接設計することはできないが，一般のグラフに対しても多項式時間で増加路を計算できることが知られている．すなわち，以下の定理が知られている．

> **定理 14.14**
> 与えられたグラフの最大マッチングは多項式時間で計算できる．すなわち，与えられたグラフ $G$ に対して，$\alpha'(G)$ は多項式時間で計算できる．

定理 6.5 と定理 14.14 から以下の系が得られる．

> **系 14.8**
> 与えられたグラフ $G$ に対して，$\beta'(G)$ を多項式時間で計算できる．

簡単に分かるように，幅優先探索は有向グラフにも応用できる．実際，幅優先探索を応用して，有向グラフの任意の点から他の点への最短有向路を多項式時間で計算できることが知られている．また，定理 3.3 と定理 3.4 の証明からトーナメントの有向ハミルトン路と強連結トーナメントの有向ハミルトン閉路を多項式時間で計算するアルゴリズムを設計できることが知られている．

## 14.3 難しい問題

現在までのところ，次の判定問題：

> **問題2** 与えられたグラフ $G$ はハミルトングラフか．

を解く多項式時間アルゴリズムは知られておらず，問題 2 は難しい問題であると言われている．しかしながら，答えが「はい」のときの解である $G$ のハミルトン閉路 $C$ が与えられたときに，$C$ が確かにハミルトン閉路であることを確認する多項式時間アルゴリズムは存在する．簡単に分かるように，グラフ $G$ の部分グラフ $C$ が $G$ のハミルトン閉路であるための必要十分条件は，以下の三つの条件がすべて成り立つことである：

**条件1** $C$ は連結である；
**条件2** $C$ の各点の次数は 2 である；
**条件3** $|V(C)| = |V(G)|$ である．

ここで，$C$ が初等的閉路であるための必要十分条件は条件 1 と条件 2 が共に成り立つことであることに注意しよう．系 14.3 から，条件 1 は多項式時間で確認できる．また，簡単に分かるように，条件 2 と条件 3 も多項式時間で確認できる．

　問題 2 のように，答えが「はい」であるときの解を多項式時間で確認できるような判定問題を **NP 問題** と言う．NP は Nondeterministic Polynomial time に由来する．グラフに関する多くの判定問題が NP 問題であることが知られている．NP をすべての NP 問題の集合とする．このとき，問題 2 は NP の中で相対的に最も難しい問題であることが知られている．すなわち，問題 2 を解く多項式時間アルゴリズムが存在するならば，NP のすべての問題は多項式時間アルゴリズムで解けることが知られている．このような NP 問題は **NP 完全** であるという．グラフに関する多くの判定問題が NP 完全であることが知られているが，NP 完全な判定問題は難しい問題であると言われている．ただし，NP 完全な問題は NP の中で相対的に最も難しい問題であるが，絶対的に難しい問題であるか否かは分かっていないことに注意しよう．すなわち，NP 完全な問題を

解く多項式時間アルゴリズムが存在しないことが証明されているわけではない．

さて，次の問題：

> **問題 3** 与えられたグラフ $G$ に対して，$\alpha(G)$ を計算せよ．

は判定問題ではないが，自然に付随する次のような判定問題が存在する．

> **問題 4** 与えられたグラフ $G$ と整数 $k$ に対して，$\alpha(G) \geq k$ か．

問題 3 と問題 4 は多項式時間で解けるか否かに関しては同等であることに注意しよう．すなわち，問題 3 が多項式時間で解けるとき，かつそのときに限って問題 4 が多項式時間で解ける．問題 3 が多項式時間で解けるならば問題 4 が多項式時間で解けるのは明らかである．逆に，問題 4 が多項式時間で解けるとき，まず $k=1$ としてこの問題を解く．答えが「はい」だったときには，$k=2$ としてこの問題を解く．これを続けていくと，$k=h$ のときのこの問題の答えが「はい」で，$k=h+1$ のときのこの問題の答えが「いいえ」であるような $h$ が存在する．このとき，$\alpha(G) = h$ である．$G$ の点数が $n$ であるとき，$\alpha(G) \leq n$ であるから，高々 $n$ 回問題 4 を解けば，問題 3 が解ける．したがって，問題 3 が多項式時間で解けることが分かる．

同様に，以下のような自然な判定問題が存在する．

> **問題 5** 与えられたグラフ $G$ と整数 $k$ に対して，$\beta(G) \leq k$ か．

> **問題 6** 与えられたグラフ $G$ と整数 $k$ に対して，$\chi(G) \leq k$ か．

> **問題 7** 与えられたグラフ $G$ と整数 $k$ に対して，$\rho(G) \leq k$ か．

### 例題 14.2

問題 4，問題 5 問題 6 及び問題 7 が NP 問題であることを示せ．

**【解答】** 問題 4 の答えが「はい」であるときの解は，$k$ 点から成る独立集合 $I$ である．簡単に分かるように，$|I| = k$ であることは多項式時間で確認できる．また，$I$ の異なる 2 点を結ぶ辺が存在しないことも多項式時間で確認できるので，$I$ が $k$ 点から成る独立集合であることを多項式時間で確認できる．したがって，問題 4 は NP 問題であることが分かる．

問題 5 の答えが「はい」であるときの解は，$k$ 点から成る被覆である．問題 4 のときと同じように，$k$ 点から成る被覆も多項式時間で確認できることが分かるので，この問題も NP 問題である．

問題 6 の答えが「はい」であるときの解は，$G$ の $k$ 彩色である．$G$ のすべての点が $k$ 色で彩色されていて，隣接する点対は異なる色で彩色されていることは多項式時間で確認できるので，この問題も NP 問題である．

問題 7 の答えが「はい」であるときの解は，$k$ 個のクリークから成るクリーク被覆である．これも多項式時間で確認できることが分かるので，この問題も NP 問題である． ∎

実は，以下の定理が知られている．

### 定理 14.15

問題 2，問題 4，問題 5，問題 6 及び問題 7 はすべて NP 完全である．

問題 4，問題 5 及び問題 7 は定理 10.4，定理 14.11 及び定理 14.13 から，2 部グラフに対しては多項式時間で解けることに注意しよう．

問題 6 に関しては，定理 7.2 と系 14.5 から，与えられた連結グラフ $G$ に対して $\chi(G) \leq 2$ か否かを多項式時間で判定できることが分かる．ところが，与えられた連結グラフ $G$ に対して $\chi(G) \leq 3$ か否かを判定する問題は NP 完全であることが知られている．

定理 7.6 から，2 部グラフ $G$ の $\chi'(G)$ は多項式時間で計算できることが分かる．したがって，時間割問題は多項式時間で解けることに注意しよう．一方，定理 7.7 から任意のグラフ $G$ に対して $\chi'(G)$ は $\Delta(G)$ か $\Delta(G)+1$ のいずれかであるが，与えられたグラフ $G$ に対して $\chi'(G) = \Delta(G)$ か否かを判定する問題は NP 完全であることが知られている．

判定問題とは限らない問題は，それを解く多項式時間アルゴリズムが存在するならば，NP のすべての問題が多項式時間アルゴリズムで解けることを示せるとき，**NP 困難**であるという．定義から，NP 完全な問題は NP 困難である．また，判定問題ではない問題は，付随する判定問題が NP 完全であるとき，NP 困難である．例えば，定理 14.15 に示すように問題 4 は NP 完全であるから，問題 3 は NP 困難である．

与えられたグラフ $G$ に対して，$\Theta(G)$ を計算する問題は，これを解く多項式時間アルゴリズムも知られていないし，この問題が NP 困難であるか否かも知られていない．ただし，定理 10.4 と定理 14.13 から，$G$ が 2 部グラフであるときには，$\Theta(G)$ を多項式時間で計算できることに注意しよう．

**グラフ同型問題**（与えられたグラフ $G$ と $H$ に対して，$G$ と $H$ が同型か否かを判定する問題）は，これを解く多項式時間アルゴリズムも知られていないし，この問題が NP 完全であるか否かも知られていない．一方，グラフ同型問題を一般化した**部分グラフ同型問題**（与えられたグラフ $G$ と $H$ に対して，$G$ に $H$ と同型な部分グラフが存在するか否かを判定する問題）に関しては以下の定理が知られている．

---
**定理 14.16**

部分グラフ同型問題は NP 完全である．

---

# 14 章の問題

☐ **1** 以下を示せ．
  (1) 任意の多項式 $P(n)$ に対して $n$ が十分大きければ $2^n > P(n)$ である．
  (2) 任意の多項式 $P(n)$ に対して $n$ が十分大きければ $n! > P(n)$ である．

☐ **2** グラフ同型問題は NP 問題であることを示せ．

# 問題解答

## 第1章

**1** (1) $\{1,2,3\} - \{1,2\} = \{3\}$.

(2) $\{1,2\} - \{1,2,3\} = \emptyset$.

(3) $\{1,2\} \oplus \{1,2,3\} = \{1,2,3\} - \{1,2\} = \{3\}$.

(4) $\emptyset \times \{1,2\} = \emptyset$.

**2** (1) $-1 \notin f(\mathbb{R})$ であるから全射ではない.

(2) $f(1) = f(-1) = 1$ であるから単射ではない.

(3) $f$ は全射でも単射でもないので全単射ではない.

**3** (1) 図 A.1 に示すように 16 個の非同型な有向グラフが存在する.

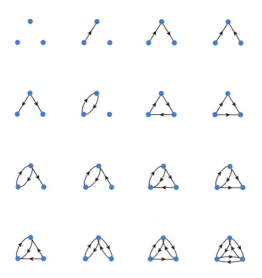

図 A.1　互いに非同型な有向グラフ

(2) 図 A.2 に示すように 11 個の非同型なグラフが存在する．

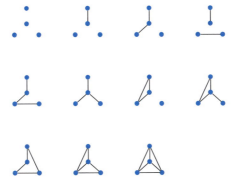

図 A.2　互いに非同型なグラフ

# 第 2 章

**1**　強連結な有向グラフの異なる 2 点 $u$ と $v$ に対して初等的有向路：
$$P = ((u, u_1), (u_1, u_2), \ldots, (u_{k-2}, u_{k-1}), (u_{k-1}, v))$$
と
$$Q = ((v, v_1), (v_1, v_2), \ldots, (v_{h-2}, v_{h-1}), (v_{h-1}, u))$$
が存在する．$P$ が $u$ 以外で最初に通る $Q$ の点が $v$ であるときは，
$$((u, u_1), (u_1, u_2), \ldots, (u_{k-2}, u_{k-1}), (u_{k-1}, v),$$
$$(v, v_1), (v_1, v_2), \ldots, (v_{h-2}, v_{h-1}), (v_{h-1}, u))$$
が初等的有向閉路である．また，$P$ が $u$ 以外で最初に通る $Q$ の点が
$$v_i = u_j$$
であるときは，
$$((u, u_1), (u_1, u_2), \ldots, (u_{j-1}, u_j), (v_i, v_{i+1}), \ldots, (v_{h-2}, v_{h-1}), (v_{h-1}, u))$$
が初等的有向閉路である．

**2**　1 本の辺だけから成るグラフは連結グラフであるが，初等的閉路は存在しない．

# 第3章

**1** 図 A.3 に青線で示す通り．

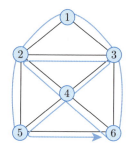

図 A.3　グラフ

**2** 定理 3.1 が多重グラフに対しても成り立つことは，定理 3.1 の証明と同じようにして証明できる．$G$ が連結で，次数が奇数の点を含まないならば $G$ がオイラーグラフであることの $|E(G)|$ に関する数学的帰納法による証明の初期段階を以下のように変更するだけでよい．「$|E(G)| \leq 3$ の場合には，$G$ は図 A.4 に示す七つの多重グラフのいずれかと同型であり，$G$ はオイラー多重グラフであることが分かる．」

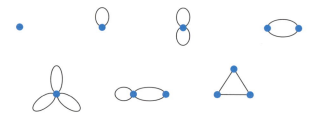

図 A.4　3 辺以下のオイラー多重グラフ

系 3.1 が多重グラフに対しても成り立つことも，系 3.1 の証明と同じようにして証明できる．特に，$G'$ を構成するときに，$G$ の次数が奇数である点対を辺 $e$ で結ぶだけでよい．多重辺が生じないように配慮する必要がないことに注意しよう．

**3** 図 3.13 に示すグラフはハミルトングラフではない．このことを背理法を用いて証明しよう．まず，このグラフの各点の次数が 3 であることと，このグラフには長さが 4 以下の初等的閉路は存在しないことに注意しよう．このグラフにハミルトン閉路 $C$ が存在すると仮定する．一般性を失うことなく，
$$V(C) = \{0, 1, 2, \ldots, 9\},$$
$$E(C) = \{(i, i+1 \pmod{10}) \mid 0 \leq i \leq 9\}$$

であるとする．$C$ の辺以外の 5 本の辺の集合が
$$\{(i, i+5) \mid 0 \leq i \leq 4\}$$
であると仮定すると，長さ 4 の初等的閉路が生じるので，辺：
$$(i, i+4 \pmod{10})$$
が存在する．一般性を失うことなく，辺 $(0,4)$ が存在すると仮定する．このとき，点 5 を他のどの点と辺で結んでも長さが 4 以下の初等的閉路が生じてしまう．したがって，このグラフはハミルトングラフではないことが分かる．

## 第 4 章

**1** グラフ $G$ の各連結成分がすべて木であるときには，定理 4.1 から $|V(G)| > |E(G)|$ であるので，$|V(G)| = |E(G)|$ であるときには，$G$ には木ではない連結成分が存在し，この連結成分には初等的閉路が存在する．

**2** 次数が 1 である点がちょうど 2 個存在する木である．

**3** 次数が 1 である点がちょうど 2 個存在する木である．

## 第 5 章

**1** 図 A.5 に示す通り． **2** 図 A.6 に示す通り．

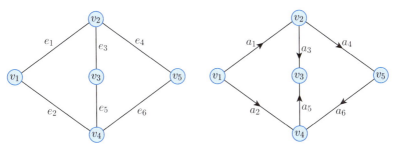

図 A.5　グラフ $G$　　　　図 A.6　有向グラフ $\Gamma$

**3** 定理 5.2 の証明と同じようにして証明できる．

$G$ を $n$ 点からグラフとする．補題 5.2 から接続行列 $B(G)$ のすべての行ベクトルの和をとると零ベクトルになるので，接続行列の行ベクトルの集合は線形従属であるこ

とが分かる．したがって，$B(G)$ の階数は $n-1$ 以下である．

$B(G)$ から任意の 1 行を除去して得られる行列を $B^-(G)$ とする．$T$ を $n$ 点から成る木とすると，定理 4.1 より $B^-(T)$ の列数は $n-1$ であるから，$B^-(T)$ は正方行列である．

$T$ が 2 点以上から成る木ならば，$B^-(T)$ の行列式の値は 1 であることを木 $T$ の点数 $n$ に関する数学的帰納法で証明する．$n=2$ のときには $B^-(T)$ は要素が 1 である $1\times 1$ 行列であるから，その行列式の値は 1 である．$2 \le n \le k$ のときに正しいと仮定して，$T$ の点数が $k+1$ である場合について考える．補題 4.1 から接続する辺がちょうど 1 本である点が存在するので，一般性を失うことなく点 $v_i$ に接続する一意的な辺が $e_j$ であると仮定する．このとき，
$$b_{ij} = 1$$
であり，
$$\text{任意の } k \ne j \text{ に対して } b_{ik} = 0$$
であることが分かる．したがって，$B^-(T)$ の行列式を第 $i$ 行で展開すると，
$$\det(B^-(T)) = \det(B')$$
となる．ここで，$B'$ は $B^-(T)$ から第 $i$ 行と第 $j$ 列を除去して得られる行列である．$T$ から点 $v_i$ と辺 $e_j$ を除去して得られる木を $T'$ とすると，
$$B' = B^-(T')$$
である．$T'$ の点数は $k$ であるので，帰納法の仮定から，
$$\det(B^-(T)) = \det(B') = \det(B^-(T')) = 1$$
を得る．

今証明したことと定理 4.2 から，$n$ 点から成る連結なグラフ $G$ の接続行列は $n-1$ 次の正則部分行列を含んでいることが分かるので，$G$ が $n$ 点から成る連結なグラフならば，$B(G)$ の階数は $n-1$ 以上である．

以上のことから，$n$ 点から成る連結なグラフの接続行列の階数は $n-1$ であることが分かる．

# 第 6 章

**1** $K_{m,n}$ の 2 分割を $(X,Y)$ とし，$|X|=m$，$|Y|=n$ とする．$X$ の任意の点の次数は $n$ で，$Y$ の任意の点の次数は $m$ であるから，定理 3.1 より，$K_{m,n}$ がオイラーグラフであるための必要十分条件は，$m$ と $n$ が共に偶数であることである．

問 題 解 答　　　　　　　　　　　157

**2**　$K_{m,n}$ の 2 分割を $(X, Y)$ とし，$|X| = m$, $|Y| = n$ とする．このとき，$K_{m,n}$ のハミルトン閉路は $X$ の点と $Y$ の点を交互に通るので，$m = n$ であることが分かる．逆に，$m = n$ であるとき，$K_{m,n}$ にはハミルトン閉路が存在するので，$K_{m,n}$ がハミルトングラフであるための必要十分条件は $m = n$ であることである．

**3**　木は初等的閉路を含まないので，長さが奇数の初等的閉路も含まない．したがって，定理 6.2 より木は 2 部グラフであることが分かる．

**4**　図 A.7 に示すグラフ $G$ に対して
$$\alpha'(G) = \beta(G) = 2$$
である．

**5**　図 A.7 に示すグラフ $G$ に対して
$$\alpha(G) = \beta'(G) = 2$$
である．

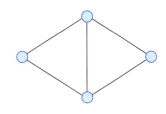

図 A.7　グラフ $G$

# 第 7 章

**1**　図 A.8 に正十二面体グラフの 3 彩色を示す．正十二面体グラフは 2 部グラフではないので，定理 7.2 よりこのグラフの彩色数は 3 であることが分かる．

**2**　図 A.9 に正十二面体グラフの 3 辺彩色を示す．正十二面体グラフの最大次数は 3 であるから，定理 7.5 よりこのグラフの辺彩色数は 3 であることが分かる．

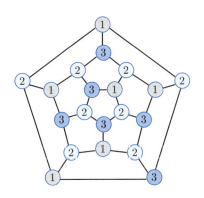

図 A.8　正十二面体グラフの 3 彩色

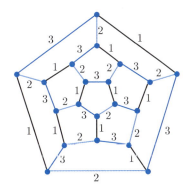

図 A.9　正十二面体グラフの 3 辺彩色

**3** $n$ が奇数のときには，マッチングの辺数は高々
$$\frac{n-1}{2}$$
であるから，
$$\frac{n-1}{2} \times \chi'(K_n) \geq |E(K_n)| = \frac{n(n-1)}{2}$$
であり，
$$\chi'(K_n) \geq n$$
を得るので，定理 7.7 から
$$\chi'(K_n) = n$$
であることが分かる．

$n$ が偶数のときには，$K_n$ の点を正 $n-1$ 角形の頂点と中心に配置し，各辺は直線分で表現する．このとき，中心点から放射状に出る 1 本の辺とこの辺に垂直なすべての辺から成る集合は完全マッチングであるから，$E(K_n)$ は $n-1$ 個の完全マッチングに分割できることが分かる．したがって，
$$\chi'(K_n) = n-1$$
であることが分かる．

**4** 定理 7.6 から，
$$\chi'(K_{m,n}) = \max(m, n)$$
である．

## 第 8 章

**1** 図 A.10 に示す通り．

## 第 9 章

**1** 図 A.11 に示すグラフ $G$ には次数が 5 の点が存在するが，グラフ $H$ には次数が 5 の点は存在しないので，$G$ と $H$ は同型ではない．しかしながら，簡単に分かるように，$G$ と $H$ の閉路行列は同じである．

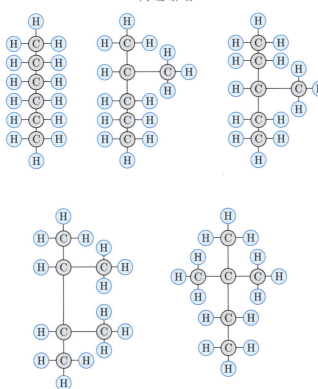

図 A.10　ヘキサン $C_6H_{14}$ の五つの異性体の木

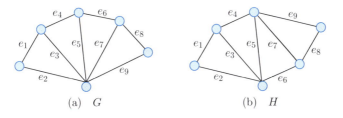

図 A.11　同じ閉路行列をもつ非同型なグラフ

## 第10章

**1**
$$\alpha(K_n) = \rho(K_n) = 1$$
であるから，系 10.1 より
$$\Theta(K_n) = 1$$
であることが分かる．

**2**
$$\alpha(K_{m,n}) = \rho(K_{m,n}) = \beta'(K_{m,n}) = m$$
であるから，定理 10.4 より
$$\Theta(K_{m,n}) = m$$
であることが分かる．

## 第11章

**1** 図 11.8 の矩形枠組の筋交グラフは図 A.12 に示すように連結ではないので，堅牢ではない．実際，図 A.13 に示すように変形できる．

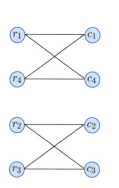

図 A.12　$4 \times 4$ 枠組の筋交グラフ

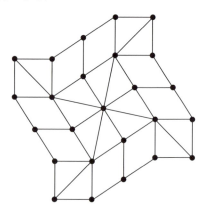

図 A.13　$4 \times 4$ 枠組の変形

## 第12章

**1** $K_3$ は $K_{1,3}$ の線グラフである．しかしながら，$K_3$ はハミルトングラフであるが，$K_{1,3}$ にはオイラー路は存在しない．

## 第13章

**1** $G$ を正則な2部グラフとし，$(X,Y)$ を $G$ の2分割とする．$G$ のすべての点の次数が $k$ であるとき，
$$k|X| = |E(G)| = k|Y|$$
であるから，
$$|X| = |Y|$$
である．任意の
$$S \subseteq X$$
に対して，$S$ の点に接続する辺の集合を $E_1$ とし，$A_G(S)$ の点に接続する辺の集合を $E_2$ とする．$A_G(S)$ の定義から，
$$E_1 \subseteq E_2$$
であるので，
$$k|S| = |E_1| \leq |E_2| = k|A_G(S)|$$
であり，
$$|S| \leq |A_G(S)|$$
を得る．したがって，定理13.2から $G$ には完全マッチングが存在することが分かる．

**2** $K_3$ は正則なグラフであるが，完全マッチングは存在しない．

## 第14章

**1** (1) 任意の多項式を
$$P(x) = a_k x^k + a_{k-1} x^{k-1} + \cdots + a_1 x + a_0$$
とする．ただし，$k$ は非負整数で，$a_k$ は正実数であるものとする．ロピタルの定理より，

$$\lim_{x\to\infty}\frac{2^x}{P(x)}=\lim_{x\to\infty}\frac{\log_e^k 2}{a_k k!}2^x=\infty$$

であるから，$n$ が十分大きければ

$$2^n > P(n)$$

であることが分かる．

(2)　$n \geq 4$ であるとき，

$$n! > 2^n$$

であるから，$n$ が十分大きければ

$$n! > 2^n > P(n)$$

であることが分かる．

**2**　答えが「はい」であるときの証拠は同型写像：

$$\phi\colon V(G) \to V(H)$$

である．この同型写像が全単射であり，条件：

$$(x,y) \in E(G) \Leftrightarrow (\phi(x),\phi(y)) \in E(H)$$

を満たしていることを多項式時間で確認できるので，グラフ同型問題は NP 問題であることが分かる．

# 参考文献

[1] C. Berge, Two Theorems in Graph Theory, Proc. Nat. Acad. Sci. USA, Vol.43, pp.842–844, 1957.

[2] J. Blazewicz, A. Hertz, D. Kobler, D. de Werra, On some properties of DNA graphs, Discrete Applied Mathematics, Vol.98, pp.1–19, 1999.

[3] E.D. Bolker and H. Crapo, Bracing Rectangular Frameworks. I SIAM J. Appl. Math., Vol.36, pp.473–490, 1979.

[4] C.W. Borchardt, Über eine Interpolationsformel für eine Art Symmetrischer Functionen und über Deren Anwendung, Math. Abh. der Akademie der Wissenschaften zu Berlin, pp.1–20, 1860.

[5] R.L. Brooks, On colouring the nodes of a network, Proc. Cambridge Philos. Soc., Vol.37, pp.194–197, 1941.

[6] P. Camion, Chemins et circuits hamiltoniens des graphes complets, C.R. Acad. Sci. Paris, Vol.249, pp.2151–2152, 1959.

[7] A. Cayley, On the Theory of the Analytical Forms called Trees, Philosophical Magazine, Vol.13, pp.172–176, 1857.

[8] A. Cayley, On the Mathematical Theory of Isomers, Philosophical Magazine, Vol.47, pp.444–446, 1874.

[9] S.A. Cook, The Complexity of Theorem-Proving Procedures, Proc. of the Third Annual ACM Symposium on the Theory of Computing, pp.151–158, 1971.

[10] J. Edmonds, Paths, Trees, and Flowers, Canad. J. Math., Vol.17, pp.449–467, 1965.

[11] L. Euler, Solutio Problematis ad geometriam situs pertinentis, Comm. Acad. Sci. Imp. Petropolitanae, Vol. 8, pp.128–140, 1736.

[12] T. Gallai, Über extreme Punkt- und Kantenmengen, Ann. Univ. Sci. Budapest, Eötvös Sect. Math., Vol.2, pp.133–138, 1959.

[13] P. Hall, On representatives of subsets, J. London Math. Soc., Vol.10, pp.26–30, 1935.

[14] R.M. Karp, Reducibility Among Combinatorial Problems, Complexity of Computer Computations (R.E. Miller and J.W. Thatcher, eds.), Plenum Press, pp.85–103, 1972.

[15] G.R. Kirchhoff, Über den Durchgang eines electrischen Stromes durch eine Ebene unbesondere durch eine Kreisformige, Ann. Phys. Chem., Vol.64, pp.497–514, 1845.

[16] G.R. Kirchhoff, Über die Ausflösung der Gleichungen, auf welche man bei der untersuchung der linearen vertheilung Galvanischer Ströme Geführt wird, Annalen der Physik und Chemie, Vol.72, pp.497–508, 1847.

[17] D. König, Über Graphen und ihre Anwendung auf Determinantentheorie und Mengenlehre, Mathematische Annalen, Vol.77, pp.453–465, 1916.

[18] D. König, Graphok és matrixok, Matematikai és Fizikai Lapok, Vol.38, pp.116–119, 1931.

[19] H.W. Kuhn, The Hungarian Method for the Assignment Problem, Naval Research Logistics Quarterly, Vol.2, pp.83–97, 1955.

[20] L, Lovász, On the Shannon Capacity of a Graph, IEEE Trans. on Information Theory, Vol.IT-25, pp.1–7, 1979.

[21] Y. Lysov, V. Florent'ev, A. Khorlin, K. Khrapko, V. Shik, A. Mirzabekov, Determination of the nucleotide sequence of DNA using hybridization with oligonucleotides. A new method, Doklady Akademii Nauk SSSR, Vol.303, pp.1508–1511, 1988.

[22] J.C. Maxwell, On the calculation of the equilibrium and stiffness of frames, Philosophical Magazine, Vol.27, pp.294–299, 1864.

[23] J.W. Moon, On subtournaments of a tournament, Canad. Math. Bull., Vol.9, pp.297–301, 1966.

[24] P. Pevzner, l-Tuple DNA sequencing: computer analysis, Journal of Biomolecular Structure and Dynamics, Vol.7, pp.63–73, 1989.

[25] H. Prüfer, Neuer Beweis eines Satzes über Permutationen, Arch. Math. Phys., Vol.27, pp.742–744, 1918.

[26] L. Rédei, Ein kombinatorischer Satz, Acta Litt. Sci. Szeged, Vol.7, pp.39–43, 1934.

[27] F. Sanger, S. Nicklen, A. Coulson, DNA sequencing with chain-terminating inhibitors, Proceedings of the National Academy of Sciences, U.S.A., Vol.74, pp.5463–5467, 1977.

[28] C.E. Shannon, The zero error capacity of a noisy cahnnel, IRE Trans. on Information Theory, Vol.2, pp.8–19, 1956.

[29] J.J. Sylvester, Chemistry and Algebra, Nature, Vol.17, p.284, 1878.

[30] V.G. Vizig, On an estimate of the chromatic class of a p-graph, Diskret. Analiz., Vol.3, pp.25–30, 1964.

# 索　引

## あ行

誤りなし通信路容量　101
アルゴリズム　138

異性体　86

オイラーグラフ　30
オイラー路　30
重み　133

## か行

外向木　48
外向次数　12
外向辺　12
関数　6
完全グラフ　23
完全2部グラフ　63
完全マッチング　129

木　42
基礎グラフ　23
基本閉路　94
基本閉路行列　94
逆向辺　93
強連結　23
距離　143

空集合　3
グラフ　15
グラフ同型問題　151
クリーク　106
クリーク被覆　106
クリーク被覆数　106

桁　114
元　2
堅牢　112

交互路　66, 68

## さ行

合同　10
混同グラフ　102

最小クリーク被覆　106
最小被覆　60
最小辺被覆　70
彩色数　74
最大重みマッチング　133
最大独立集合　60
最大マッチング　65
最短有向路　23
最短路　21
差集合　3

時間計算量　138
時間割問題　135
次数　15
始点　12, 22
弱連結　24
写像　6
シャノン容量　105
集合　2
終点　12, 22
順向辺　93
初等的　20, 22
真部分集合　2

推移律　8
筋交グラフ　114

正則　136
積集合　3
接続　12, 15
接続行列　52, 54
全域木　44
線グラフ　125
全射　6

## た行

全単射　6
像　6
増加路　66, 68

対称的　8
対称律　8
多項式時間アルゴリズム　138
多重グラフ　23
多重辺　23
単射　6
単純　20, 22
単純グラフ　23
端点　15, 20

重複グラフ　122
直積　5

手続き　138
点　12

同型　13, 16
同型写像　14, 16
同値関係　8
同値類　8
トーナメント　36
独立集合　60
独立数　60

## な行

内向木　48
内向次数　13
内向辺　13
長さ　20, 22

2項関係　8
2部グラフ　62

索　引

## は　行

2 分割　62
根　48

排他的和集合　3
柱　114
幅優先探索　141
幅優先探索木　141
ハミルトングラフ　35
ハミルトン路　35
反射律　8
判定問題　138

被覆　60
被覆数　60
標準積　102

部分グラフ　25
部分グラフ同型問題　151
部分集合　2
分解グラフ　123
分割　4
閉路　20
閉路行列　93, 97
辺　15

辺彩色数　78
辺被覆　70
辺被覆数　70

## ま　行

マッチング　65
マッチング数　65

路　20

無向グラフ　15

森　42

## や　行

有向オイラーグラフ　34
有向オイラー路　34
有向木　48
有向グラフ　12
有向全域木　48
有向線グラフ　124
有向ハミルトングラフ　36
有向ハミルトン路　36
有向部分グラフ　25
有向閉路　22
有向辺　12

有向ループ　12
有向路　22

## ら　行

隣接　12, 15

ループ　15

連結　21
連結成分　26

## わ　行

和集合　3
割当問題　128, 133

## 欧　字

$k$ 彩色　74
$k$ 彩色可能　74
$k$ 辺彩色　78
$k$ 辺彩色可能　78
NP 完全　148
NP 困難　151
NP 問題　148

### 著者略歴

### 上野 修一(うえの しゅういち)

1982年 東京工業大学大学院理工学研究科博士課程修了
 東京工業大学工学部助手
1987年 東京工業大学工学部助教授
1997年 東京工業大学工学部教授
現　在 東京工業大学工学院教授
 工学博士
専門分野：応用グラフ理論

### 主要著訳書
「情報基礎数学」（共著，昭晃堂，2007；オーム社，2014）
「情報とアルゴリズム」（共著，森北出版，2005）

---

工学のための数学＝EKM-11
工学のための グラフ理論
—— 基礎から応用まで ——

2018年11月25日ⓒ　　　　　初 版 発 行

著　者　上野修一　　発行者　矢沢和俊
　　　　　　　　　　印刷者　大道成則
　　　　　　　　　　製本者　米良孝司

【発行】　　株式会社　数 理 工 学 社

〒151-0051　東京都渋谷区千駄ヶ谷1丁目3番25号
編集　☎(03)5474-8661（代）　　サイエンスビル

【発売】　　株式会社　サ イ エ ン ス 社

〒151-0051　東京都渋谷区千駄ヶ谷1丁目3番25号
営業　☎(03)5474-8500（代）　振替　00170-7-2387
FAX　☎(03)5474-8900

印刷　太洋社　　製本　ブックアート
《検印省略》

本書の内容を無断で複写複製することは，著作者および出版社の権利を侵害することがありますので，その場合にはあらかじめ小社あて許諾をお求め下さい．

ISBN978-4-86481-058-6
PRINTED IN JAPAN

サイエンス社・数理工学社の
ホームページのご案内
http://www.saiensu.co.jp
ご意見・ご要望は
suuri@saiensu.co.jp　まで．